XXI. Internationaler Geologenkongreß
Kopenhagen, 15. bis 25. August 1960

ZEITSCHRIFT FÜR ANGEWANDTE GEOLOGIE

HERAUSGEGEBEN VON

DER STAATLICHEN GEOLOGISCHEN KOMMISSION

UND DER ZENTRALEN VORRATSKOMMISSION

DER DEUTSCHEN DEMOKRATISCHEN REPUBLIK

AUS DEM INHALT

AKADEMIE-VERLAG · BERLIN

BAND 6 / HEFT 7
JULI 1960
SEITE 305—360

	INHALT	СОДЕРЖАНИЕ	CONTENTS	

Die ZEITSCHRIFT FÜR ANGEWANDTE GEOLOGIE berichtet ständig ausführlich über folgende Arbeitsgebiete: Geologische Grundlagenforschung und Lagerstättenforschung / Methodik der geologischen Erkundung / Ökonomie und Planung der geologischen Erkundung / Technik der geologischen Erkundung / Geologie und Lagerstättenkunde im Ausland / Bibliographie, Verordnungen, Richtlinien, Konferenzen, Personalnachrichten

Die ZEITSCHRIFT FÜR ANGEWANDTE GEOLOGIE ist kein Organ einer engen Fachgruppe. Auf ihren Seiten können alle strittigen Fragen der praktischen Geologie behandelt werden. Die Autoren übernehmen für ihre Aufsätze die übliche Verantwortung.

ZEITSCHRIFT FÜR ANGEWANDTE GEOLOGIE

CHEFREDAKTEUR: PROF. DR. E. LANGE

BAND 6 · JULI 1960 · HEFT 7

Zum Tag des deutschen Bergmanns 1960

Am 3. Juli wird in der Deutschen Demokratischen Republik zum 11. Male der Tag des deutschen Bergmanns festlich begangen. Mit dieser Feier würdigt die werktätige Bevölkerung unseres Arbeiter-und-Bauern-Staates die großen Leistungen aller im Bergbau tätigen Kumpel, Techniker und Wissenschaftler, durch deren Arbeit wesentliche Voraussetzungen für den Aufbau unserer sozialistischen Volkswirtschaft geschaffen wurden.

Der 7-Jahr-Plan stellt unseren Wissenschaftlern und ihren Mitarbeitern in allen mit dem Bergbau verbundenen Einrichtungen und Institutionen wichtige Aufgaben auf den Gebieten der geologischen Erkundung, besonders in den Schwerpunkten Erdöl-Erdgas, Kalisalze und Eisenerze. Er fordert außerdem erhöhte Bereitstellung von Grundstoffen für die Bauindustrie und eine weitere Erschließung unserer Grundwasservorräte.

Die stürmische Entwicklung unserer sozialistischen Landwirtschaft stellt zusätzliche Anforderungen auch im Bereich unserer Geowissenschaften. Ihre unbürokratische Hilfe bei der Lösung so wichtiger Probleme wie der Standorterkundung für ländliche Großbauten, des Nachweises örtlicher Baustoffvorkommen, der Sicherung der lokalen Wasserversorgung und der Bereitstellung geeigneter Bodenkarten für die Produktionsplanung und das Meliorationswesen ist ein wesentlicher Beitrag zum Aufbau unserer modernen sozialistischen Großraumwirtschaften. In diesem Zusammenhang hat auch die Rückgewinnung landwirtschaftlicher Nutzflächen in den Bergbaugebieten erhöhte Bedeutung für die Erweiterung unserer landwirtschaftlichen Produktionsbasis.

Die sich in schnellem Tempo verbessernde Arbeitsorganisation und die steigende Arbeitsproduktivität, die von unseren sozialistischen Kollektiven — den Brigaden der sozialistischen Arbeit und den sozialistischen Arbeitsgemeinschaften — bereits erreicht wurden, geben uns die sichere Gewähr für die Erfüllung all der Aufgaben, die uns durch die Initiative der Partei der Arbeiterklasse und die Beschlüsse der Regierung der Deutschen Demokratischen Republik gestellt sind.

Damit sichern wir die weitere wirtschaftliche und politische Stärkung unseres Arbeiter-und-Bauern-Staates, eines wichtigen Gliedes im weltweiten Friedenslager. Wir schaffen damit auch die Voraussetzungen für die Realisierung des Deutschlandplanes des Volkes, für den Abschluß eines Friedensvertrages mit ganz Deutschland und für die Erhaltung des Friedens in der Welt.

Vor uns steht ein lohnendes und schönes Ziel: den Aufbau des Sozialismus durch ständige Steigerung der Arbeitsproduktivität in historisch kürzester Frist zu vollenden. Dazu

Glückauf!

Magmenentwicklung und Verteilung der Erzlagerstätten in Bulgarien [1)]

S. DIMITROFF, Sofia

Einführung

Der sehr komplizierte Aufbau des im mittleren Teil der Balkanhalbinsel gelegenen Territoriums der Volksrepublik Bulgarien ist das Ergebnis einer wechselvollen geologischen Geschichte, in der der Magmatismus eine wichtige Rolle gespielt hat.

Eine moderne Untersuchung der Entwicklung des Magmatismus und seiner Beziehungen zur Tektonik und Erzbildung in Bulgarien begann mit einer umfassenden Auswertung der bisherigen petrographischen Untersuchungen (S. DIMITROFF 1939). Ausgehend von dem sog. „Normalgang" der tektonischen und magmatischen Entwicklung in Geosynklinalgebieten legte H. STILLE (1940) eine eingehendere tektonische Analyse der tektonisch-magmatischen Beziehungen des geologischen Baues Bulgariens vor. Er unterschied folgende Hauptentwicklungsetappen: 1. Geosynklinalzustand mit simatischem Initialmagmatismus, 2. Orogenese mit sialischem „lithogenem" Plutonismus, 3. Quasikratoner Zustand mit subsequentem sialischem Vulkanismus, 4. Vollkratoner Zustand (Tafelzustand) mit simatischem Vulkanismus. Jedoch läßt sich dieses Schema nur in großen Zügen, ohne Berücksichtigung von Einzelheiten des geologischen Baues, anwenden.

Das allgemeine Bild der Verteilung und Abfolge magmatischer Komplexe sowie ihre Beziehungen zur Tektonik wurden in der Folgezeit auf Grund neuer geologischer Untersuchungsergebnisse präzisiert und überarbeitet (S. DIMITROFF 1939, D. I. SERPUCHOW 1955). In der gleichen Zeit beschäftigte sich W. E. PETRASCHECK (1942, 1949, 1955a, 1955b, 1956) im größeren Rahmen des alpidischen Orogens Südosteuropas mit Fragen der Metallogenese und ihren Beziehungen zum Magmatismus und zur Tektonik. In großen Zügen untersuchten diese Fragen auch I. KOSTOFF (1945—46) und in letzter Zeit sowjetische Forscher, die dem Problem des Magmatismus und der endogenen Erzbildung besondere Aufmerksamkeit widmeten. Alle diese Untersuchungen gaben uns Anlaß, diese kurze Zusammenfassung unseres heutigen Wissensstandes über die Entwicklung des Magmatismus und die Beziehungen zur Tektonik und Erzbildung in Bulgarien zu geben. Dabei wird versucht, das von J. A. BILIBIN und einem Geologenkollektiv des WSEGEI (1955) ausgearbeitete Schema anzuwenden, um zu überprüfen, inwieweit sich unsere besonderen Verhältnisse darin einordnen lassen.

Die tektonisch-magmatische Entwicklungsgeschichte Bulgariens umfaßt drei größere Zyklen: 1. den präsilurischen (Präkambrium-Kambrium?), 2. den paläozoisch-variszischen und 3. den alpidischen Zyklus.

Magmenkomplexe und Vererzung im alten kristallinen Fundament (Präkambrium-Kambrium?)

Das alte kristalline Fundament nimmt einen großen Teil Südbulgariens ein; es ist hauptsächlich im Rhodopenmassiv und im Zentralteil der Srednegore aufgeschlossen (Abb.). In ihm lassen sich zwei kristalline Schieferserien ausscheiden: die untere hochmetamorphe Serie mit starken Migmatisierungs- und Granitisierungserscheinungen und die weniger stark metamorphosierte, vorwiegend in Epifazies vorliegende obere Serie. Das kristalline Fundament umfaßt große Massen von Graniten und Granitgneisen. Die weit verbreiteten Amphibolite, Hornfelsschiefer und Leptite der unteren metamorphen Serie sind mit gewisser Berechtigung als metamorphe Vertreter der ältesten geosynklinalen vulkanogenen Gesteine aufzufassen.

In dieser Serie treten große Granitgneiskörper auf, die von vielen Forschern mit Recht als migmatische Bildungen angesehen werden; dabei ist auch nicht ausgeschlossen, daß ein Teil von ihnen echte Orthogneise sind, die von alten granitischen Tiefenintrusionen abstammen. Unbestreitbar magmatischer Herkunft sind jedoch zahlreiche, innerhalb des gesamten kristallinen Fundaments verbreitete kleinere basische und ultrabasische Plutone, die entsprechend in Orthoamphibolite und Serpentinite umgewandelt wurden. Zu ihnen sollte auch die noch unlängst als paläozoisch angesehene sogenannte „Struma-Dioritformation" gerechnet werden.

Dasselbe läßt sich auch für die Serpentinite sagen: Auch sie werden teilweise von Granitpegmatiten durchschlagen, können also folglich nicht jünger als der Granit sein. Das Alter des Granits muß nach neuesten Untersuchungsergebnissen in Westbulgarien präsilurisch sein, da dort silurische Ablagerungen nicht kontaktmetamorph von Graniten des südbulgarischen Typs verändert worden sind. Das stimmt weitgehend mit den Ergebnissen der in letzter Zeit durchgeführten absoluten Altersbestimmung (Bleimethode am Orthit) an einigen Graniten und Pegmatiten überein. Die Maximalwerte von 350—400 Mill. Jahren[2)] weisen auf ein wahrscheinlich kaledonisches Alter des Granits hin.

Die Granite des alten kristallinen Fundamentes gehören zum Typ der südbulgarischen Granite und bilden in den Kernen kuppelförmiger Brachyantiklinalen riesige Batholithe oder intrudieren in metamorphe Komplexe. Sie werden von Kontakthöfen mit darin verteilten zahlreichen Pegmatiten umgeben und haben zu einer Feldspatisierung der Nebengesteine geführt.

Der Magmatismus des präkambrisch-kambrischen Zyklus endete wahrscheinlich mit Gangintrusionen, deren Chemismus zwischen Dioritporphyriten und Granitporphyren, bei Vorherrschen der Granitporphyre, schwankte. Die Altersbeziehungen der im kristallinen Fundament außerdem noch auftretenden Granitgesteine sind noch nicht geklärt.

Das alte kristalline Fundament ist arm an Erzlagerstätten. Genetisch an Ultrabasitintrusionen geknüpft sind kleinere hysteromagmatische Chromitlagerstätten (hauptsächlich im östlichen Teil des Rhodopenmassivs); mit großen Granitintrusionen hängen sehr seltene kontaktmetasomatische Magnetit-Skarnlagerstätten zusammen. In einer Reihe von Fällen führen die Granitpegmatite Beryll.

Geht man vom relativen Alter der Magmenkomplexe des alten kristallinen Fundamentes aus und nimmt man

[1)] Aus: „Iswestija Akademi nauk SSSR", H. 8, 1959. Übers.: H.-J TESCHKE.

[2)] Nach unveröffentlichten Angaben von N. JORDANOFF, Assistent am Lehrstuhl für analytische Chemie der Staatl. Universität Sofia.

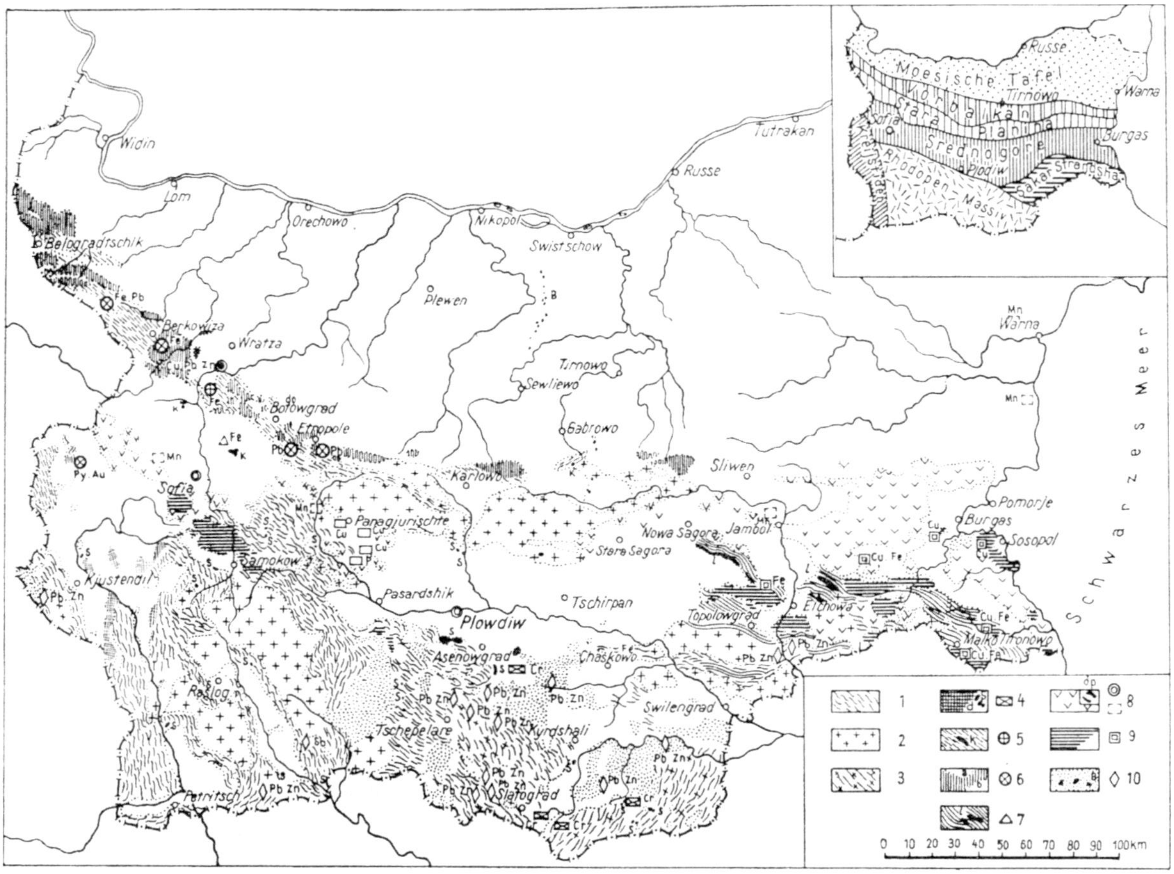

Die magmatischen und metamorphen Komplexe und die wichtigsten Metall-Lagerstätten Bulgariens

1–4 - alter kristalliner Untergrund (Präkambrium)

1 - kristalline Schiefer; 2 - südbulgarische Granite; 3 - migmatische Granitgneise; 4 - amphibolisierte Diorite - „Struma-Dioritformation" (a), Serpentinite (s)

5–6 = variszische Magmatite und Metamorphite

5 – Diabas-Phyllitoidformation; 6 – Kaliplutonite der Stara Planina (a), komagmatische Gangformation in der Stara Planina (b);

7 – jurassische metamorphe Formation (Südostbulgarien) mit leukogranitischen Intrusiva (l)

8–9. = Magmatite der Srednegore-Strukturzone

8 – oberkretazische Vulkanite der Srednegore-Subbalkanischen Vulkanzone; 9 – „laramische Intrusionen" der Srednegore;

10 – tertiäre Vulkanite des Mazedonien-Rhodopen-Gebietes, neogene Basalte (B)

In der Legende sind mit entsprechenden Signaturen die wichtigsten, mit bestimmten Magmenkomplexen zusammenhängenden Erzvorkommen angegeben.

an, daß diese einem gemeinsamen präsilurischen geosynklinalen Entwicklungszyklus angehören, so stimmt die Bildungsfolge der einzelnen Magmenkomplexe mit dem bisherigen Schema der Magmenentwicklung in Geosynklinalzonen gut überein: Während der Anfangsetappe erscheinen geosynklinale, vorwiegend basische Vulkanite und Tuffe, in der Frühetappe basische und ultrabasische Plutonite, in der mittleren oder batholithischen Etappe große Granitintrusionen, mit denen eine intensive Migmatisierung einhergeht; zur letzten Etappe, die dem subsequenten Vulkanismus entspricht, zählt H. STILLE die Gangintrusionen.

Entwicklung des Magmatismus und der Erzbildung im variszischen Zyklus

Wir verfügen über relativ vollständige Altersbestimmungen variszischer Magmatite aus dem paläozoischen Kern der Stara Planina und aus Südwestbulgarien. Die Anfangsetappe des Magmatismus wird hier durch geosynklinale Ergüsse in Form großer Spilit- und Diabasmassive belegt. Die Diabase werden bisweilen von Quarzkeratophyren, Tuffen und Tuffiten der sog. Diabas-Phyllitformation begleitet, die zweifellos altpaläozoisch ist und auf Grund lithologischer Analogien als devonisch angesehen wird.

Präoberkarbonisch wurde die variszische Geosynklinale intensiv gefaltet (sudetische Phase?). In Zusammenhang damit bildete sich eine Reihe von Plutonkörpern, vorwiegend Stöcke und kleinere Batholithe der intrusiven Alkalikalkformation der Stara Planina. Nacheinander intrudierten hier Gabbros, Diorite, Granodiorite und schließlich relativ kleine Plutone aus Amphibol-Biotit- und Pegmatoidgraniten. Die Intrusion der letztgenannten Gruppe fiel aller Wahrscheinlichkeit nach mit der Kulmination der Faltungsbewegungen zusammen (häufige Paralleltextur der Granite), während der Pegmatoidgranit („Lissur-Granit") auch von einer intensiven Migmatisierung der Nebengesteine der Diabas-Phyllitformation begleitet wurde. Parallel mit diesen großen Intrusionen ging die Bildung zahlreicher komagmatischer aschister Diabas-, Diorit- und Granodioritporphyrite und Granitporphyrgänge.

In der Zeitspanne Silur — Oberkarbon, vielleicht auch etwas später, entstanden während der Konsolidierung der Faltungszone in der Stara Planina mehrere kleine Intrusionen mediterraner alkalischer Magmen: Kalkalkali-Quarzsyenite, Shonkinite, Tinguaite, Bostonite und andere seltene Magmengesteine.

Die magmatische Tätigkeit des variszischen Zyklus schloß mit kleineren Eruptionen von Quarzporphyriten im Perm sowie mit Bildung kleinerer, vorwiegend gangförmiger Körper aus Kali- und Natronsyenitporphyren ab. Die letztgenannten sind gelegentlich auch in die unteren Stufen des Buntsandsteins

Allgemeines Schema der Entwicklung des Magmatismus, der Tektonik und der endogenen Erzbildung in Bulgarien

Hauptbildungsetappen der Faltengebiete nach J. A. BILIBIN – WSEGEI	Altes kristallines Fundament (Präkambrium-Kambrium?)	Variszische Unterlage in der Stara Planina und in Südwestbulgarien	Alpidischer tektonisch-magmatischer Zyklus
Anfangsetappen	? Orthoamphibolite und Leptit-Orthogneise in der mittleren Folge der unteren metamorphen Serie	Diabas-Quarzkeratophyr (Diabas-Phyllit-)-Formation – Devon ?; X, Fe	A. Südostbulgarien – Strandsha u. Sakar: Diabasporphyrite und Tuffe im Lias. Leukogranite und leukokrate Porphyre; X, Fe Diabasporphyrite und Tuffe im Tithon
Frühetappen	Erste Regionalmetamorphose und Bildung von pegmatitischen Granitgneisen Amphibolitisierte Diorite und serpentinisierte ultrabasische Plutonkörper in beiden metamorphen Serien; X, Cu	Kalkalkaliintrusionen der Stara Planina: Hypabyssische basische Intrusionen – Gabbro und Noritgabbro; Cu	Kinetische Regionalmetamorphose – jungkimmerische Faltung B. Stara Planina – Umgebung von Botewgrad u. Etropol: mittelkretazische (?) hypabyssische Dioritintrusionen; ?X, Pb, Zn, Cu, (Co, Ni) C. Srednegore-Synklinale. Oberkretazischer subbalkanischer Vulkangürtel: Andesite, Latite, Tuffe u. Tuffite; X, Mn, Cu, Dazite; X-Propylitisierung mit Kies, Cu
Mittlere Etappen	Granitbatholithe vom Typ der südbulgarischen Granite X, Fe; Be in Pegmatiten	Kalkalkaliintrusionen der Stara Planina: Sudetische Phase und nachfolgende Intrusionen – Diorit-, Granodiorit-, Amphibol-Biotitgranite („Mesdreja"-Typ) und pegmatoidische Granite des Klissura-Typs; X, Fe, Cu, Pb, Zn, W, Mo, As	Laramische Faltung der Srednegore mit gleichzeitiger Bildung zusammengesetzter Plutonkörper: laramische Intrusiva – Gabbros und Gabbrodiorite, Monzonite, Monzonitsyenite und Granite; X, Fe, Cu, (Mo, W)
Spätetappen	Komagmatische Ganggesteine, am häufigsten Granitporphyre	Komagmatische Gangformation: Diabasporphyrite bis Granitporphyre Präoberkarbonische (?) Kaliplutonit-Intrusionen in der Stara Planina; X, TR, Cu, Sb	Komagmatische Gangformation Südostbulgariens; Gabbroporphyrite, Monzonitporphyre, Syenitporphyre D. Rhodopen-Massiv: paläogene Andesite, Dazite, Rhyolithe, Tuffe und Tuffite
		Saalische Faltung Quarzporphyreffusiva im Perm	Savische Faltung Jungtertiäre Intrusionen im östlichen u. zentralen Teil d. Rhodopen, meist monzonitisch Pb, Zn, Cu. Einzelne Vulkane m. Trachyandesitlava im Struma-Tal (Südwestbulgarien)
Schlußetappen	?	Alkalische Ganggesteine in der unteren Trias Südwestbulgariens	Basalte

eingedrungen. Diese Gesteine sind Produkte der Endetappe der Magmenentwicklung im variszischen Zyklus.

Parallel mit dieser „normalen" Entwicklung des Magmatismus ging die endogene Vererzung. Hier stehen kleinere vulkanogen-sedimentäre und hydrothermale Erzanzeichen mit der Anfangsetappe der Magmenentwicklung (Diabas-Phyllitformation) in Zusammenhang. Kontaktmetasomatische Vererzungen in Marmoren und hydrothermalen Eisen-, Kupfer- und Bleizinklagerstätten mit Wolfram, Silber, Arsen und anderen Metallen sind mit den Intrusionen in der Stara Planina verknüpft. Die Alkaliplutonite der Spätetappe zeichnen sich durch einen deutlich erhöhten Gehalt an seltenen Erden (Lanthan, Cer, Yttrium, Skandium) aus und sind Träger einer mannigfaltigen und wertvollen Vererzung.

Tektonisch-magmatische Beziehungen und die endogene Vererzung des alpidischen Zyklus

Die ersten Anzeichen für eine magmatische Tätigkeit im Mesozoikum wurden unlängst in Form basischer Vulkanite und deren Tuffe im Lias und Tithon Südostbulgariens festgestellt (Sakar Planina und Strandsha Planina). Außer diesen Anzeichen eines basischen Geosynklinalvulkanismus bildeten sich im mittleren Lias und im Oxford—Kimmeridge auch lagergangartige Intrusionen eigenartiger leukokrater Granite und leukokrater Granitporphyre, die an Mikroklin- und Albitalaskite erinnern, die ja für diese magmatische Entwicklungsetappe überhaupt nicht charakteristisch sind (G. D. AFANASJEW 1956). In Analogie mit den Quarzkeratophyren und Albitophyren könnte man sie als Entwicklungsprodukte eines simatischen Magmas ansehen, wenn sich auch diese Deutung mit dem bedeutenden Ausmaß der leukokraten Granite und mit der relativ geringen Verbreitung der jurassischen Diabaseffusiva nur schwer in Einklang bringen läßt.

Zwischen Jura und Oberkreide, am wahrscheinlichsten jedoch unmittelbar nach dem Jura, waren während der jungkimmerischen Faltung die jurassischen Geosynklinalbildungen Südostbulgariens einschließlich der leukokraten Granite einer Regionalmetamorphose ausgesetzt, die der regionalen Dislokationsmetamorphose der Juraablagerungen in den Westalpen vollkommen ähnlich ist. Offenbar stand diese Metamorphose in keinerlei Zusammenhang zur Intrusivtätigkeit. Nach den geologischen Beobachtungen haben wir es in diesem Fall offensichtlich mit einer Regionalmetamorphose zu tun, die hauptsächlich durch eine Streßintensität bedingt ist. Da die Vorstellung einer mechanischen Ursache der für die Metamorphose notwendigen Wärmeenergie theoretisch nicht zu beweisen ist, muß zugestanden werden, daß der Streß den Zutritt aufsteigender hydrothermaler Lösungen ermöglichte, was zu einer Temperaturerhöhung im Bereich der Metamorphose führte.

Während der Kreide verlagerte sich der Magmatismus zusammen mit der Geosynklinale nach Norden.

Wahrscheinlich bildeten sich in dieser Zeit einige kleinere Intrusionen und Gänge von Dioriten und Dioritporphyriten, die in den Jura und das Neokom der Stara Planina in der Umgebung von Botewgrad und Etropol intrudierten. Es besteht Grund zu der Annahme, daß zwischen diesen sehr wenig aufgeschlossenen Intrusionen und den mitteltriadischen Polymetall-Lagerstätten in der Nähe des Isker-Durchbruches ein Zusammenhang besteht. W. E. PETRASCHECK (1942) bezieht diese Intrusion auf den oberkretazischen Vulkanismus der Srednegore-Zone, den sogenannten subbalkanischen Vulkangürtel. Allerdings sind diese Intrusionen räumlich isoliert; sie können auf Grund geologischer Beobachtungen als selbständige mittelkretazische Intrusionen ausgeschieden werden.

Während der Oberkreide bildete sich die Srednegore-Orthogeosynklinale, in der riesige Andesit- und Latitmassen mit ihren Tuffen und Tuffiten gefördert wurden. Nach H. STILLE (1940) ist dieser Vulkanismus auf Grund seines Chemismus kein simatischer Initialvulkanismus, sondern gehört in das subsequente sialische Stadium, wenn er auch an eine Orthogeosynklinale gebunden ist. Nach der STILLEschen Vorstellung bildete sich dieser letztgenannte Vulkanismus aus „einem lithogenen" Magma, das während der vorangegangenen Phase der intensiven Faltenbildung in der Lithosphäre entstanden ist. Da diese Phase in dem genannten Gebiet nicht wirksam war, greift H. STILLE auf die Hypothese der „allochthonen" und „parachthonen" Magmen zurück, die sich in anderen, weiter entfernten oder benachbarten Gebieten, in diesem Fall während der angenommenen austrischen Tektogenese, in der Wardarzone (Rhodopenmassiv) bildeten. Später rückte im Senon dieses Magma subkrustal bis zur Srednegore-Geosynklinale vor. Die gleiche Ansicht unterstützt auch W. E. PETRASCHECK, der sie auf die genannten Polymetall-Lagerstätten in der Nähe des Isker-Durchbruches der Stara Planina anwendet.

Genetisch mit dem submarinen Vulkanismus in der Srednegore-Zone entstanden einige bedeutende Manganlagerstätten und viele kleinere Anzeichen für eine Kupfervererzung des vulkanogenen Exhalationstyps mit gediegen Kupfer, Kupfersulfiden, Hämatit in Paragenese mit Zeolith, Prehnit und Epidot. Am Ende der Oberkreide fand der submarine Vulkanismus im Gebiet von Panagjurischte mit der Förderung subextrusiver und effusiver Dazite sein Ende; gleichzeitig damit entstanden ausgedehnte Propylitisierungszonen mit Kupfer- und Pyritlagerstätten des Typs Bor und Maidan Peck in Ostserbien.

Zu Beginn des Tertiärs, zwischen Oberkreide und Priabon, machte die Srednegore-Geosynklinale eine intensive Faltung durch, mit der etwa an der Südgrenze dieser Zone die Bildung einer Reihe kleiner, aber chemisch wechselnder (pazifisch und mediterran) und strukturell komplizierter Spaltenplutone erfolgte. Hier drangen nacheinander ein: Pyroxenite, Gabbros, Diorite, Monzonite bis fast zu Syeniten und Graniten, während sich unmittelbar danach in Südostbulgarien eine Serie komagmatischer Ganggesteine bildete. In der Srednegore-Zone entstanden im Zuge des jungen Intrusivmagmatismus mehrere kontaktmetasomatische Lagerstätten, hauptsächlich Kupfer- und Eisenlagerstätten, manchmal mit Gehalt an Wolfram, Molybdän und anderen Elementen, sowie hydrothermale Ganglagerstätten.

Im Eozän breitete sich die Magmentätigkeit nach Süden in das Rhodopengebiet aus. Die hier entstehenden Tiefenbrüche ermöglichten einen äußerst intensiven Vulkanismus, der von großen Massen von Andesiten, Daziten und Rhyoliten sowie von Tuffen und Tuffiten vertreten wird. Der Höhepunkt des Vulkanismus liegt im Oligozän. Unmittelbar danach bildeten sich hypabyssische und subextrusive Plutonkörper, von denen heute nur kleine stockförmige Intrusionen und Gänge aus Monzonitporphyren oder verwandten Gesteinen erosiv angeschnitten sind. Sie sind in die vulkanogenen und sedimentären Komplexe des Paläogens oder des alten kristallinen Untergrundes des zentralen und östlichen Rhodopenmassivs eingedrungen. Genetisch mit diesem Magmatismus verknüpft, bildeten sich im Rhodopengebiet reiche polymetallische Ganglagerstätten sowie metasomatische Lagerstätten, teilweise auch Skarnlagerstätten.

Gegen Ende der alpidischen Ära erlosch die magmatische Tätigkeit schnell. In Südostbulgarien blieben im Struma-Tal im Neogen doch einige kleine Vulkanherde tätig, mit denen Trachyandesite in Zusammenhang stehen. Wahrscheinlich erfolgten in dieser Zeit auf NS streichenden tektonischen Brüchen, die Nordbulgarien, die Stara Planina und Srednegore durchziehen, kleine Basalteruptionen.

Schlußfolgerungen

Das Schema von J. A. BILIBIN sowie auch einige früher vorgeschlagene ermöglichen eine vergleichende Untersuchung der Entwicklung des Magmatismus, der Tektonik und der Metallogenese innerhalb verschiedener Bewegungszonen und verschiedener tektonisch-magmatischer Zyklen. Dabei treten Gesetzmäßigkeiten, in bestimmten Fällen aber auch spezifische Besonderheiten hervor, die mehr oder weniger stark vom normalen Ablauf der gesetzmäßig miteinander verknüpften Prozesse abweichen.

Wie H. STILLE in diesem Zusammenhang hervorhob, entstehen Abweichungen von der Normalentwicklung vor allem deshalb, weil im Laufe eines gegebenen tektonischen Zyklus die Faltenbildung in einer bestimmten Phase nur einen Teil der Geosynklinale erfaßt, der danach in einen quasikratonen Zustand übergeht, während die benachbarten Teile noch weiter absinken. Gleichzeitig damit ändern sich sowohl der Charakter des Magmatismus als auch sein Verbreitungsgebiet. Besonders groß waren diese Komplikationen in der mittleren Etappe, also zur Zeit der intensiven Faltung. Deutlich läßt sich das am Beispiel des alpidischen Zyklus erkennen, in dessen mittlerer Entwicklungsetappe mehrere Faltungsphasen mit teilweiser Überlagerung erfolgten. Darin ist auch die große Mannigfaltigkeit des Stoffbestandes der während dieser Etappe gebildeten Magmengesteine begründet: Je nach der geologischen Situation ihres Bildungsortes treten sie als sehr homogene Granitbatholithe oder als hypabyssische Intrusionen mit betont pazifischem Chemismus und großer Differentiationsbreite auf. Die entsprechenden Magmengesteine bilden auch, wie beim alpidischen Zyklus, kleinere Intrusionen mit äußerst mannigfaltiger Zusammensetzung, von Pyroxeniten bis zu vollkommen sauren Graniten und Syeniten. Offenbar kommt in dieser Mannigfaltigkeit der Intrusivgesteine am deutlichsten die Wirkung der Assimilation zum Ausdruck, die vermutlich auch die begleitende Vererzung beeinflußt hat.

Die gleichen Komplikationen traten auch bei der Bildung der oben genannten leukokraten Granitintrusionen während der Anfangsetappe der jurassischen Geosynklinale sowie beim oberkretazischen Andesit-Trachytvulkanismus während des Geosynklinalzustandes der Srednegore-Zone auf. Eine Erklärung dieser Erscheinungen ist durch eine eingehende Analyse der gesamten geologischen Situation sowie des Stoffbestandes der entsprechenden Magmenkomplexe möglich. Die Fragestellung selbst ermöglicht eine Weiterentwicklung der bisher vorgeschlagenen Schemata und erleichtert die Auseinandersetzung mit dem Problem der allgemeinen Entwicklungsgesetze des Magmatismus, der Tektonik und der Metallogenese in Faltengebieten.

Zusammenfassung

Als Ergebnis der besonders nach dem Kriege in Bulgarien intensiv betriebenen geologischen Untersuchungen wird ein allgemeines, über den Bereich des Balkans hinaus bedeutsames Bild von der Vererzung sowie deren Einordnung in den tektonisch-magmatischen Ablauf seit dem Präkambrium gegeben. In allgemeinen Zügen lassen sich die metallogenetischen Prozesse mit den bisher formulierten (H. STILLE, J. A. BILIBIN) magmatisch-tektonischen Entwicklungsgesetzen in Einklang bringen. In Einzelheiten weichen sie jedoch ab und tragen dadurch zu einer Weiterentwicklung bzw. Präzisierung einzelner Punkte bei.

Резюме

В послевоенный период геологические исследования в Болгарии проводились с особенной интенсивностью. В результате этих работ дается общая картина оруденения и его приуроченности к тектонически-магматическим процессам, начиная с докембрия. Это изложение имеет также значение за пределами Балканов. Удается в общих чертах согласовать металлогенические процессы с выдвинутыми до сих пор (ШТИЛЛЕ, БИЛИБИНым) магматически-тектоническими законами развития. В деталях, однако, наблюдаются расхождения, и это способствует дальнейшему развитию или уточнению отдельных вопросов.

Summary

As a result of particularly intensive geological investigation in Bulgaria after the war, a general description of the region going beyond the Balkan is given of the mineralization and its position in the tectonic-magmatic evolution since the Pre-Cambrian. Main features show that metallogenetic processes are compatible with the laws of magmatic-tectonic evolution so far stated (STILLE, BILIBIN). There are, however, differences in details, which contribute to a future development and precision of specific problems.

Literatur

ABDULLAJEW, Ch. M.: Gänge und Vererzung. — Gosgeolisdat, Moskau 1957.
AFANASJEW, G. D.: Die Hauptergebnisse der Untersuchung der Magmengeologie des nordkaukasischen Faltengebietes. — Isw. AN SSSR, ser. geol., Nr. 3, S. 3—33, Moskau 1956.
— Über den känozoischen Magmatismus des Kaukasus und einige Ergebnisse der absoluten Altersbestimmung kaukasischer Gesteine nach der K-Ar-Methode. — Isw. AN SSSR, ser. geol., Nr. 6, S. 30—54, Moskau 1957.
— Über einige geologische Probleme der Petrologie. — Isw. AN SSSR, ser. geol., Nr. 11, S. 32—49, Moskau 1957.
BILIBIN, J. A.: Metallogenetische Provinzen und metallogenetische Epochen. — Gosgeolisdat, Moskau 1955.
DIMITROFF, S.: Stand und laufende Aufgaben der Untersuchung magmatischer und metamorpher Komplexe in Bulgarien. — Isw. AN SSSR, ser. geol., Nr. 1, S. 5—15, Moskau 1955.
— Magmatische und metamorphe Gesteine in Bulgarien. Grundlagen der Geologie Bulgariens. — Godischnik na Dir. sa geoloshki i mintschi proutschwanija otd. A, t. 4, Sofia 1946.
KOTLJAR, W. N.: Über Magmenkomplexe und Vererzung. — Sow. geologija, sb. 43, S. 61—70, Moskau 1955.
KOSTOFF, I.: Magmatismus und Vererzung in Südosteuropa. — Godischnik na Sof. in-t, fis. fak., t. 13, kn. 3, jest. istorija, Sofia 1945—1946.
PETRASCHECK, W. E.: Gebirgsbildung, Vulkanismus und Metallogenese in den Balkaniden und Südkarpaten. — Fortschr. Geol. Paläontol., **14**, H. 47, Berlin 1942.
— Die jüngeren tektonischen und magmatischen Phasen im Gebirgszuge Karpaten-Balkan. — Sitzungsber. Österr. Akad. Wiss., math.-nat. Kl., **158**, 8, S. 571—583, Wien 1949.
— Beziehungen zwischen der anatolischen und südosteuropäischen Metallprovinz. — Bull. Mineral Research and Exploration Inst. Turkey, Nr. 46 — 47, S. 64—74, Ankara 1955 (1955a).
— Großtektonik und Erzverteilung im mediterranen Kettensystem. — Sitzungsber. Österr. Akad. Wiss., math.-nat. Kl., Abt. I, **164**, 3, S. 109 — 130, Wien 1955 (1955b).
— Die ostmediterrane und die alpine Erzprovinz. — Berg- und Hüttenmänn. Monatsh., **101**, 2, S. 29—30, Leoben 1956.
SERPUCHOW, D. I., Allgemeine Prinzipien der regionalen metallogenetischen Analyse. — Sow. geologija, sb. 43, S. 27—42, Moskau 1955.
STILLE, H.: Magmato-tektonische Verhältnisse Bulgariens im Lichte allgemeinerer Erfahrungen. — Festschrift für ST. BONCEV — Z. Bulgar. Geol. Ges., **11**, S. 1—27, Sofia 1940.

Beitrag zur Genese des Polyhalites im deutschen Zechsteinsalinar

GÜNTER SCHULZE, Halle

Einleitung und Problemstellung

Der Polyhalit ($K_2SO_4 \cdot MgSO_4 \cdot 2CaSO_4 \cdot 2H_2O$) zählt neben Anhydrit, Kainit, Kieserit und Langbeinit zu den häufiger auftretenden sulfatischen Salzmineralien. Er wurde in den meisten der bisher bekannt gewordenen Salzlagerstätten gefunden und kommt beispielsweise im miozänen Salzgebirge des Karpatenvorlandes, in den Keupersalzen Lothringens, in den Werfener Schichten der nördlichen Kalkalpen, im Rötsteinsalz Nord- und Mitteldeutschlands, im Permsalinar des Wolga-Emba-Gebietes, in den permischen Salzfolgen von Texas und Neu-Mexiko sowie in den Salzablagerungen des germanischen Zechsteinbeckens vor.

Im Zechstein des hier speziell betrachteten Magdeburg-Halberstädter Revieres (vgl. Tabelle) tritt Polyhalit in den Übergangsschichten zum Kalisalzlager Flöz Staßfurt (Polyhalit- und Kieseritregion) und in der Staßfurtregion selbst auf. Darüber hinaus konnte ein nennenswerter Anteil gleichfalls schichtig eingelagerten Polyhalites im Kristallsalzhorizont des Leinezyklus am Staßfurter Sattel und bei Schönebeck nachgewiesen werden.

Im Gegensatz zur Kristallographie des Polyhalites, die in einer Arbeit von R. GÖRGEY (1915) weitgehend geklärt werden konnte, bestehen über die Genese dieses Salzminerals unterschiedliche Meinungen.

Die Darstellungsversuche und die Untersuchung der Existenzgrenzen des Polyhalites im System K_2SO_4 —

Normalprofil des Zechsteins 2 u. 3
in der Magdeburg-Halberstädter Mulde

Stratigraphische Bezeichnung		Durchschnittliche Normalmächtigkeit in m
Zechstein 3 (Leinezyklus)	Schwaden- u. Tonflockensalz	10— 40
	Anhydritmittelsalz	20— 30
	Kristallsalz	20— 30
	Liniensalz i. e. S.	10— 20
	Basissalz	1— 2
	Hauptanhydrit	25— 65
	Grauer Salzton i. e. S.	5— 8
Zechstein 2 (Staßfurtzyklus)	Tonanhydrit	1— 2
	Decksteinsalz	1— 2
	Staßfurtregion	5— 40
	Übergangsschichten	5— 60
	Staßfurtsteinsalz i. e. S.	100—500
	Basalanhydrit	2— 3
	Stinkschiefer	6— 10

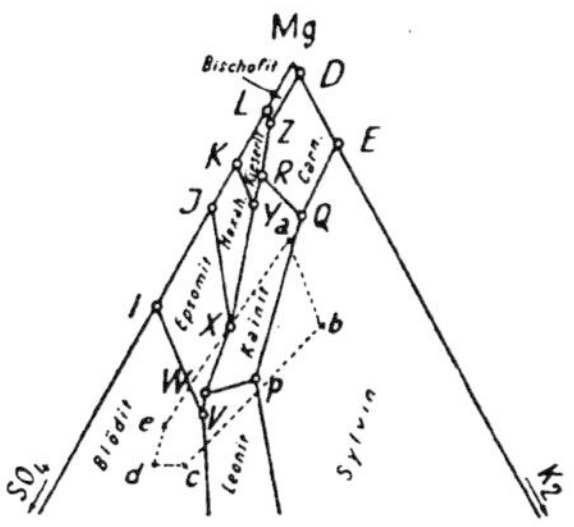

Abb. 1. Diagramm des quinären Systems bei 25° C, gestrichelte Linien: Existenzfeld des Polyhalites

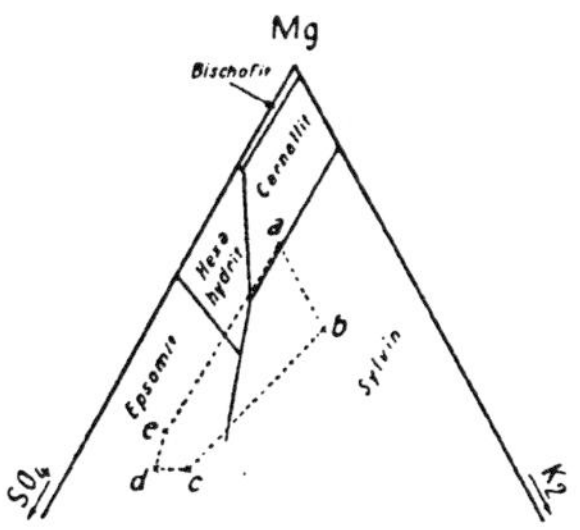

Abb. 2. „Sonnendiagramm" bei 25° C, gestrichelte Linien: Existenzfeld des Polyhalites

$MgSO_4$ — H_2O durch VAN'T HOFF und Mitarbeiter (vgl. J. D'ANS 1933 sowie M. G. WALJASCHKO & A. A. NETSCHAJEWA 1952) zeigen, daß der Polyhalit bei 25° C nur in einem kleinen Bereich stabil ist. Bei 55° und 83° C hingegen ist das Existenzfeld des Polyhalites, der zwischen 25° C und 0° C seine untere Bildungstemperatur haben dürfte, wesentlich größer. Das Ausscheidungsgebiet des Polyhalites, dessen exakte Umgrenzung noch nicht in allen Einzelheiten gesichert ist, reicht bei 25° C (Abb. 1) in die Existenzfelder von Blödit, Epsomit, Leonit, Kainit und Sylvin. Bei den im „Sonnendiagramm" wiedergegebenen metastabilen Gleichgewichten (Abb. 2) liegt es beiderseits der gemeinsamen Kristallisationslinie von Sylvin und Hexahydrit bzw. Epsomit. In den Salzlagerstätten ist demgemäß Polyhalit in Paragenese mit den heute durch Dynamo-Thermo-Metamorphose ggf. teilweise dehydratisiert vorliegenden angeführten Mineralien zu erwarten, was auch häufig der Fall ist. Weiterhin ist Polyhalit oft gemeinsam mit Steinsalz und Anhydrit anzutreffen. Experimentellen Versuchen zufolge kann sich Polyhalit aus einer entsprechenden Lösung primär abscheiden (VAN'T HOFF 1912, S. 247) oder aber durch Einwirkung kalium- und magnesiumsulfatreicher Wässer auf Anhydrit bzw. Gips bei 83° C bilden (VAN'T HOFF 1912, S. 280). Die gleiche Umwandlung vollzieht sich höchstwahrscheinlich auch bei chloridischem Charakter dieser Lösungen (VAN'T HOFF 1912, S. 322—323). Für die Prospektion von Kalisalzlagerstätten ist es wichtig, daß der Polyhalit nur in Laugen stabil ist, die bereits stark mit Kalisalzen angereichert sind.

Im Mikrogefüge der Salzgesteine treten häufig Verdrängungen von Anhydrit durch Polyhalit oder Pseudomorphosen von Polyhalit nach Anhydrit auf. Sie werden abgebildet oder beschrieben u. a. von

G. ARMSTRONG, K. C. DUNHAM, C. O. HARVEY, P. A. SABINE & W. F. WATERS (1952) aus den Permsalzen von Yorkshire,
A. BAAR (1944/45) aus dem Flöz Staßfurt des südlichen Harzvorlandes,
W. FERLING (1930) aus dem Ronnenberglager des Kaliwerkes Wilhelmshall-Ölsburg,
E. HERFORTH (1958) aus dem Flöz Staßfurt des Kaliwerkes Roßleben (Unstrutrevier),
K. KEIL (1958) aus den Übergangsschichten zum Flöz Staßfurt und aus dem Flöz Staßfurt des Kaliwerkes Friedenshall bei Bernburg,
H. LÜCK (1913) aus den Übergangsschichten zum Flöz Staßfurt der Staßfurter Gruben,
H. MAYRHOFER (1955) aus dem Ischler Salzgebirge bei Hall,
E. MÜLLER (1929) aus den Übergangsschichten zum Flöz Staßfurt am Nordostrand der Mansfelder Mulde,
W. T. SCHALLER & E. P. HENDERSON (1932) aus den Permsalzen von Texas und Neu-Mexiko,
F. H. STEWART (1949) aus den Permsalzen von Yorkshire,
K. WEBER (1931) aus der Polyhalitregion am Staßfurter Sattel.

Auf Grund dieser Umwandlungserscheinungen ist die Annahme einer sekundären Polyhalitbildung am wenigsten umstritten. Sie wird obendrein gestützt durch die Ergebnisse physikalisch-chemischer Versuche unter dynamisch-polythermen Bedingungen, bei denen Polyhalit niemals beobachtet wurde (H. BORCHERT 1958, S. 17 und 1959, S. 43).

Im Gegensatz dazu halten W. T. SCHALLER & E. P. HENDERSON (1932, S. 64), wie auch F. H. STEWART (1949, S. 658), neben der vorwiegend sekundären Polyhalitbildung eine unmittelbare Abscheidung des Polyhalites im Permsalinar der USA und Englands durchaus für möglich, obwohl die Kriterien dafür nicht absolut eindeutig sind. Weitere Beispiele einer primären Polyhalitbildung aus der Salzlagerstätte des Karpatenvorlandes (Kalusch und Stebnik) werden von C. KUŹNIAR (bei F. LOTZE 1938, S. 643—644) und J. J. JARSCHEMSKIJ (1954) angeführt. Auch die bereits erwähnten experimentellen Befunde von VAN'T HOFF und M. G. WALJASCHKO lassen die direkte Bildung aus einer entsprechenden Lösung nicht ausgeschlossen erscheinen. Nach neueren Ausführungen von I. N. LEPESCHKOW (Diskussionsbeitrag zum Vortrag H. BORCHERT; Kali-

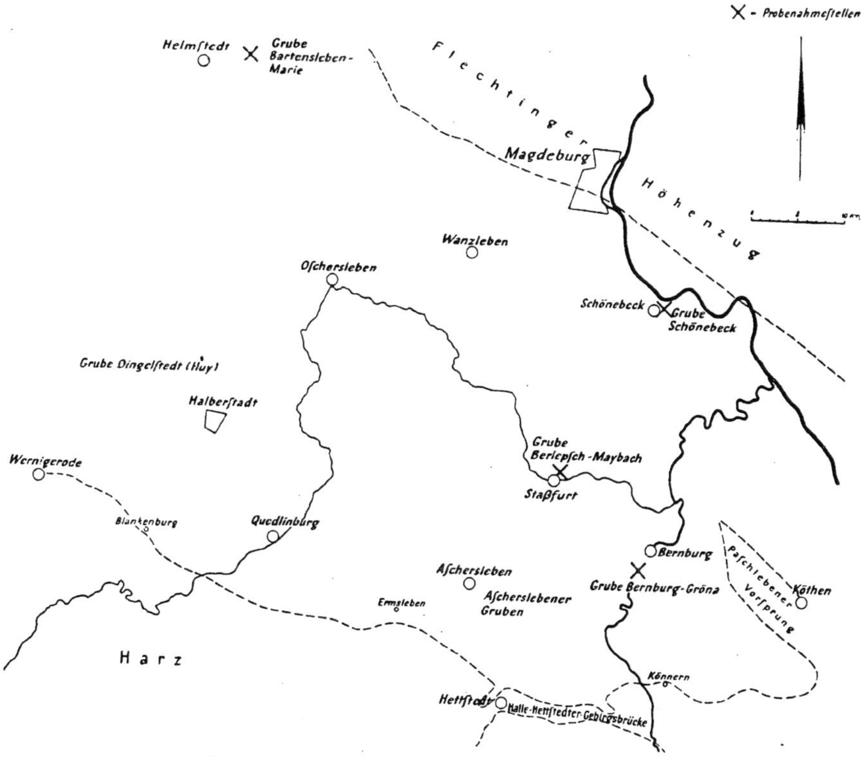

Abb. 3. Übersichtskarte mit Lage der untersuchten Aufschlüsse

symposium, 1958, S. 40) wurden in Naturseen der UdSSR bei Temperaturen über 30°C Anhydrit und Polyhalit in mächtigen Lagen mit geschichteter Textur als primäre Salze festgestellt.

Die Umweltfaktoren für die Abscheidung in den rezenten Salzseen der UdSSR und bei der Entstehung der Lagerstätte des Karpatenvorlandes, in denen eine primäre Polyhalitbildung nach den erwähnten Untersuchungen als sicher gelten kann, dürfen allerdings nicht ohne weiteres mit den Bedingungen, die bei der Salzbildung im germanischen Zechsteinbecken geherrscht haben, gleichgesetzt werden. Neben anderen paläogeographischen Voraussetzungen sprechen dafür die oben zitierten strukturellen Merkmale der Polyhalitvorkommen im germanischen Zechstein. Nach H. BORCHERT (1959, S. 87) ist der Polyhalit geradezu als Indiz für eine im Gefolge der rückläufigen Stufenmetamorphose durch sulfatreiche Metamorphoselaugen intrakrustal erfolgte Sekundärbildung zu werten.

Die geschilderten diametralen Auffassungen ließen es zweckmäßig erscheinen, für das deutsche Zechsteinsalinar weitere Untersuchungen über die Genese des Polyhalites durchzuführen.

Untersuchungsergebnisse

Im Rahmen einer vorwiegend geochemisch gerichteten Bearbeitung (Bromgehalte) des Leinesteinsalzes im mitteldeutschen Raum (G. SCHULZE 1958) wurde auch der Mineralbestand der als „Schnüre", „Linien" oder „Folien" bezeichneten dünnschichtigen, hauptsächlich sulfatischen Einlagerungen im Basis-, Linien- und Kristallsalz durch Dünnschliffbemusterungen überprüft.

In allen Schliffen ist Steinsalz Hauptgemengteil. Abgesehen von völlig untergeordnet vorkommender toniger Substanz konnten daneben — umfassend betrachtet — folgende Sulfatmineralien nachgewiesen werden, die als Interpositionen im Steinsalz liegen oder seltener an seinen Korngrenzen auftreten:

a) Anhydrit: Überwiegend idiomorphe Formen mit teilweise schwach gerundeten Kanten, in Gestalt feiner Nädelchen, Leisten, Splitter oder langer Spieße. Auch isometrische, seltener rundliche Querschnitte. Häufig mosaikartig angeordnet und einander überdekkend. Meist nach der b-Achse gestreckt mit oftmals nachweisbarer Subtraktionsstellung parallel zur Längserstreckung. Hauptanteil mit durchschnittlicher Korngröße zwischen 0,04 und 0,5 mm. Maximale Längserstreckung der Spieße 5,0 mm. Kleinste Individuen unter 0,01 mm. Gelegentlich lamellare Zwillingsbildung nach (101).

b) Polyhalit: Moosartig-filziges Geflecht feinster Nädelchen und Fasern und größere, meist idiomorphe Kristalle. Tafelig nach (010) und faserig parallel b. Charakteristische, häufig lamellare Zwillinge nach (010) und (001)[1]. Hauptmenge mit Durchschnittskorngröße zwischen 0,02 und 0,6 mm. Größte Längserstreckung 2,6 mm. Kleinste Exemplare unter 0,01 mm.

c) Kieserit: Neben kleinen rundlichen Körnern (um 0,01 bis 0,08 mm) hauptsächlich größere Kristalle mit runden bis ovalen Querschnitten (um 0,20—0,80 mm, max. 1,5 mm) und aus mehreren Individuen bestehende Aggregate mit lappiger oder eckiger Begrenzung. Auch Zwillinge nach (001).

Die Probenahme für diese petrographische Untersuchung erfolgte in einem Abstand von höchstens 5 Metern aus Normalprofilen einiger Untertageaufschlüsse zwischen der Halle—Hettstedter Gebirgsbrücke und dem Flechtinger Höhenzug (Abb. 3). Die angeführten Teilhorizonte liegen in diesem Gebiet, falls sie nicht der Ablaugung zum Opfer gefallen sind, in typischer Ausbildung vor, während sie im Halleschen oder Unstrut-Salzrevier bisher nicht beobachtet werden konnten. Die Dünnschliffuntersuchung offenbarte — besonders im Kristallsalz — eine unterschiedliche Mineralführung in den „Schnüren" verschiedener Lagerstättenbezirke.

Die sulfatischen Gemengteile der „Schnüre" des Basis-, Linien- und Kristallsalzes bestehen in den Aufschlüssen am Bernburger Sattel (Grube Bernburg-Gröna) und im oberen Allertal (Grube Bartensleben-Marie) fast durchweg aus Anhydrit. Nur vereinzelt finden sich (vorzugsweise im Basissalz?) in geringer Menge kleine Polyhalitnadeln und äußerst feinfaseriger Polyhalit. In wenigen Fällen liegt eine enge nestartige Verwachsung von Poly-

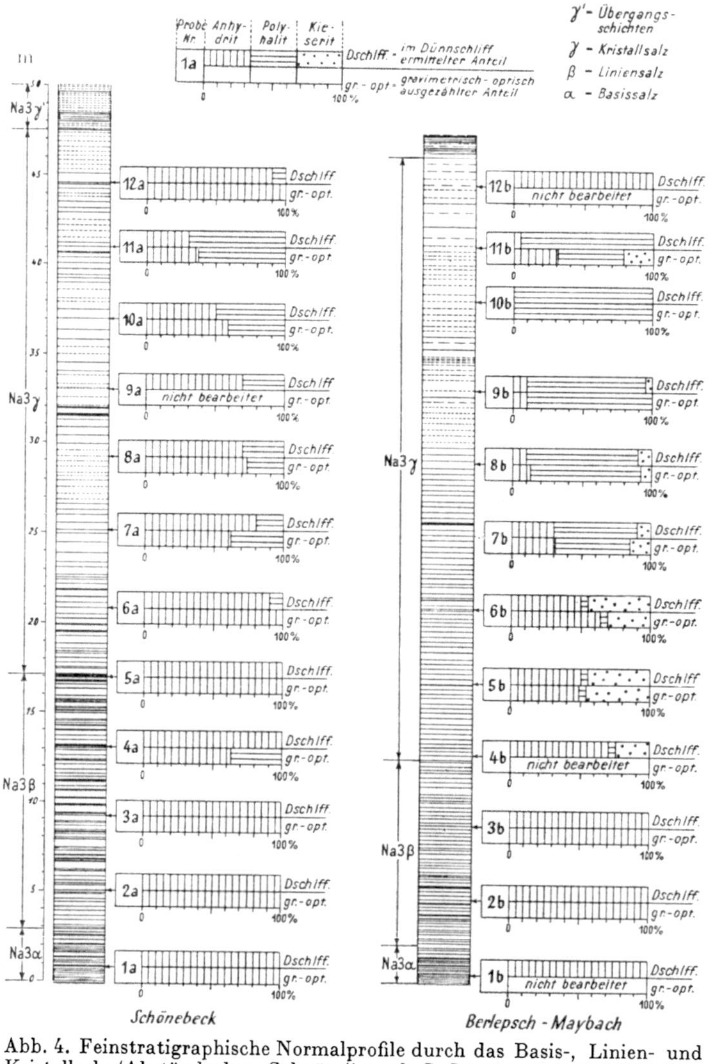

Abb. 4. Feinstratigraphische Normalprofile durch das Basis-, Linien- und Kristallsalz (Abstände der „Schnüre" nach G. SIEBERT 1952) bei Schönebeck und am Staßfurter Sattel mit graphischer Darstellung des Mineralbestandes der „Schnüre"

[1]) Pseudomonokline Aufstellungen nach R. GÖRGY (1915)

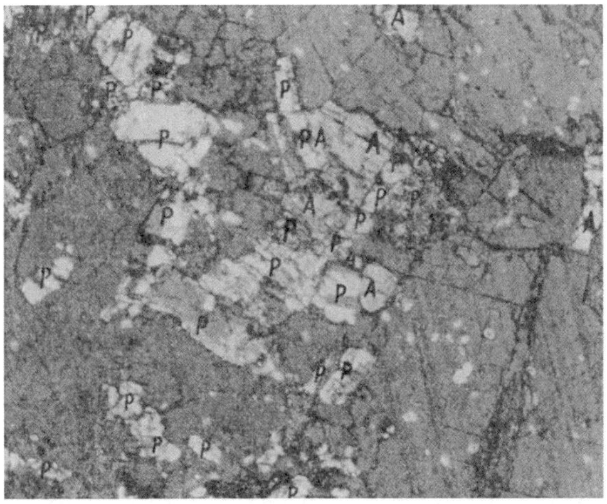

Abb. 5. Dünnschliffausschnitt der Probe 9a: Anhydrit und Polyhalit im Steinsalz. Verdrängung von Anhydrit (A) durch Polyhalit (P). Nic.: halb ×, Vergr.: 35fach

Abb. 6. Dünnschliffausschnitt der Probe 10a: Anhydrit und Polyhalit im Steinsalz. Verdrängung von Anhydrit (A) durch Polyhalit (P). Nic.: halb ×, Vergr.: 33fach

halit mit Anhydrit vor. Außerdem ist der Anhydrit teilweise von einem feinen, schmutzig wirkenden Polyhalit(?)-Schleier überzogen. Noch spärlicher sind kleine rundliche Individuen, die auf Grund der Interferenz auf Kieserit weisen, deren genaue Bestimmung aber nicht möglich war.

An Hand der Dünnschliffbemusterungen und zusätzlicher gravimetrisch-optischer Untersuchungen[2]) (Abb. 4), die unabhängig voneinander durchgeführt wurden, konnte auch bei Staßfurt und Schönebeck ein ähnlicher Mineralbestand der Schnüre des Basis- und Liniensalzes i. e. S. festgestellt werden. Die in Abb. 4 dargestellten prozentualen Anteile wurden stets auf Sulfatmineralien bezogen, und nur Gehalte ab 5% wurden berücksichtigt. Generell besteht zwischen der gravimetrisch-optischen Auszählung und dem im Dünnschliff ermittelten Anteil eine gute Übereinstimmung. Einige für das allgemeine Bild unerhebliche Differenzen sind vermutlich auf den geringen Ausschnitt, der bei der Dünnschliffbearbeitung zur Verfügung steht, zurückzuführen.

[2]) Die gravimetrisch-optische Bearbeitung übernahm freundlicherweise CH. GREULICH.

Eine andere Mineralführung ergibt sich im Kristallsalz für das Gebiet des Staßfurter Sattels und den Raum von Schönebeck.

Die Probenahme im Steinsalzbergwerk Schönebeck erfolgte aus einem Normalprofil des ruhig gelagerten nordöstlichen Grubenteiles auf der Mittelsohle. Etwa mit dem Beginn des Kristallsalzhorizontes in der Grube Schönebeck (oberhalb 17 m) gesellt sich zu den anfangs überwiegend aus Anhydrit bestehenden „Linien" in zunehmendem Maße ein beträchtlicher Anteil Polyhalit, der in den „Schnüren" der hangenden Partien (Abb. 4, Probe 11a) über 60% beträgt. Im Profilbereich der Proben 7a—11a lassen sich an den zugehörigen Schliffen deutliche Verdrängungen von Anhydrit durch Polyhalit beobachten (Abb. 5—6).

Schon unterhalb der Übergangszone zum hangenden Anhydritmittelsalz, die bei etwa 47 m beginnt und durch engständige anhydritische „Schnüre" hervortritt, verschwindet der Polyhalit innerhalb weniger Meter aus dem Profil, da in Probe 12a der Abb. 4 mindestens 80% Anhydrit vorhanden sind.

Am Staßfurter Sattel wurden die Proben aus dem Normalprofil des Querschlages bei 3000 m auf der IV. Tiefbausohle des Grubengebäudes Berlepsch-Maybach entnommen.

Auch hier treten nennenswerte Mengen Polyhalit etwa an der Grenze Liniensalz i. e. S. / Kristallsalz (oberhalb 12 m) in die allgemein anhydritisch ausgebildeten Lagen ein. Wie die Ergebnisse der untersuchten Proben zeigen, nimmt der Polyhalitgehalt bei Staßfurt, wie im Raum Schönebeck — jedoch in stärkerem Maße —, nach dem Hangenden allmählich zu, so daß in der Probe 10b der Abb. 4 100% Polyhalit vorliegen. Ebenso wie in Schönebeck sind Verdrängungen von Anhydrit durch Polyhalit in den Schliffen der Proben 7b und 8b auffällig (Abb. 7).

Im Dünnschliff der Probe 9b treten neben zahllosen nadelig-filzigen Polyhalitkriställchen wenige große, offenbar sekundär gebildete Anhydrite auf (Abb. 8).

Auch bei Staßfurt werden die Schnüre unter dem Anhydritmittelsalz, das bei etwa 46 m einsetzt, wieder vollkommen anhydritisch. Bereits W. BERGER (1914, S. 24) fand in Dünnschliffen als Bestandteil der Leinesteinsalz„schnüre" des Staßfurter Berlepsch-Schachtes

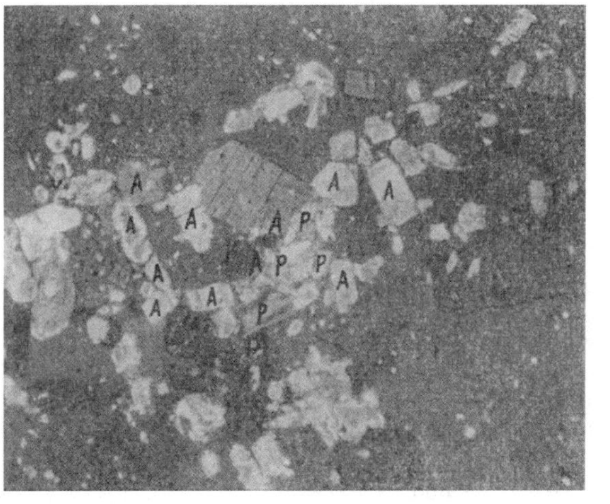

Abb. 7. Dünnschliffausschnitt der Probe 7b: Polyhalit und Anhydrit im Steinsalz.
Verdrängung von Anhydrit (A) durch Polyhalit (P)
Nic. halb ×, Vergr.: 35fach

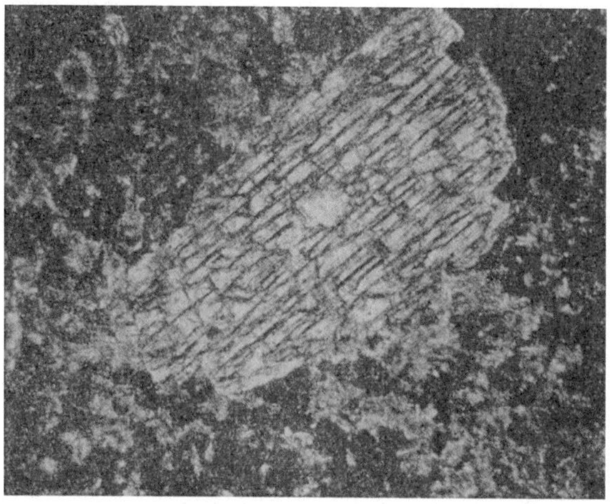

Abb. 8. Dünnschliffausschnitt der Probe 9b: Großer vermutlich sekundär gebildeter Anhydrit und nadelig-filzige Polyhalite im Steinsalz. Nic.: ×, Vergr.: 26fach

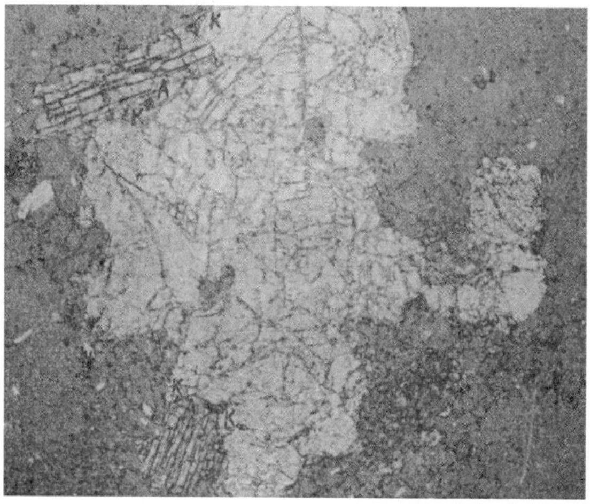

Abb. 9. Dünnschliffausschnitt der Probe 5b: Kieserit und Anhydrit im Steinsalz. Verdrängung von Anhydrit (A) durch Kieserit (K). Nic.: halb ×, Vergr.: 35fach

im Liegenden und Hangenden Anhydrit und in der mittleren Region Polyhalit. Er ließ jedoch die Frage offen, ob diese ungewöhnliche Salzfolge

Anhydrit — Halit
Polyhalit — Halit
Anhydrit — Halit

mit Faltungsvorgängen zusammenhängt oder auf Rekurrenz der Mineralbildung beruht.

In den „Linien" des Kristallsalzes der Grube Berlepsch-Maybach war es nunmehr auch möglich, einen bedeutenden Kieseritbestand nachzuweisen, der in den „Folien" der liegenden und mittleren Partien des Kristallsalz-Teilhorizontes bis nahezu 50% (Abb. 4, Proben 5b und 6b) ausmachen kann.

Die Kieserite treten stets gemeinsam mit Anhydrit und Polyhalit auf und nehmen im Profil des Kristallsalzes nach dem Hangenden an Häufigkeit ab, während Polyhalit zunimmt. In den Dünnschliffbildern ist zu erkennen, daß Kieserit Anhydrit verdrängt (Abb. 9) und häufig Steinsalz umschließt. Infolge mangelnder Kriterien konnte in den Schliffen, in denen Anhydrit, Polyhalit und Kieserit vorhanden sind, die Altersstellung des Kieserits zum Polyhalit nicht einwandfrei geklärt werden, obwohl der Eindruck erweckt wird, daß Polyhalit auch Kieserit verdrängt.

Unter Berücksichtigung der offenbar sekundär gebildeten Anhydrite resultiert somit die Altersfolge:

Anhydrit→(Kieserit)→Polyhalit→Anhydrit.

Entsprechende Untersuchungen, die auch für das Gebiet des Ascherslebener Sattels und die Lagerstätte am Huy lohnend erscheinen, stehen zur Zeit noch aus.

Interessante Zusammenhänge ergeben sich aus einem Vergleich des Mineralbestandes der „Schnüre" mit den zugehörigen Bromverteilungskurven, die im großen und ganzen ein Abbild der Mutterlaugenkonzentration (hohe Bromgehalte = hohe Laugenkonzentration) darstellen. Der zunehmende Polyhalitanteil, der sich bei Schönebeck etwa ab Grenze Liniensalz i. e. S. / Kristallsalz bemerkbar macht, geht parallel mit dem Anstieg der Normalkurve des Bromgehaltes im Steinsalz (vgl. Abb. 4 u. 10). Zugleich mit dem steilen Endabfall dieser Kurve (vor dem Anhydritmittelsalz) werden die „Linien" wieder anhydritisch.

Komplizierter sind diese Beziehungen am Staßfurter Sattel (vgl. Abb. 4 und Abb. 11). Das erste Maximum der Normal-Bromverteilungskurve (im liegenden Teil des Kristallsalzes) fällt hier mit beträchtlichen Kieseritanteilen und relativ geringen Polyhalitgehalten der „Schnüre" bei stets bis zu mindestens 50% vorhandenem Anhydrit zusammen. Erst der Anstieg zum zweiten Maximum und das zweite Maximum selbst (im hangenden Teil des Kristallsalzes) sind mit hohem Polyhalitanteil verbunden, der vor dem letzten Kulminationspunkt der Bromverteilungskurve bis zu 100% ausmacht. Der abfallende Ast der Kurve ganz im Hangenden des Kristallsalzes unterhalb des Anhydritmittelsalzes ist wiederum durch anhydritische Lagen ausgezeichnet. Das starke Absinken am Anfang beider Kurven (im Basissalz) kann hierbei unberücksichtigt bleiben, da es allein auf sekundärer Beeinflussung der Bromgehalte beruht (G. SCHULZE 1958). Bemerkenswert ist weiterhin, daß die Polyhalitgehalte unabhängig von der a b s o l u t e n

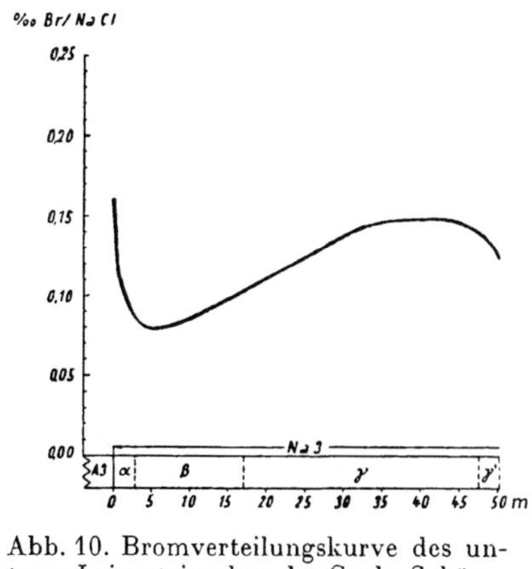

Abb. 10. Bromverteilungskurve des unteren Leinesteinsalzes der Grube Schönebeck. A3 = Hauptanhydrit, α = Basissalz, β = Liniensalz, γ = Kristallsalz, γ' = Übergangsschichten

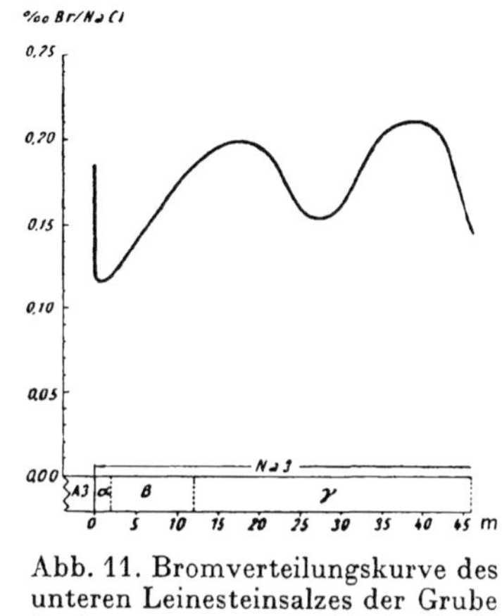

Abb. 11. Bromverteilungskurve des unteren Leinesteinsalzes der Grube Berlepsch-Maybach. A3 = Hauptanhydrit, α = Basissalz, β = Liniensalz, γ = Kristallsalz

Höhe der Bromwerte im Steinsalz auftreten, wie ein Vergleich der Bromverteilungskurven von Schönebeck und Staßfurt einerseits (Abb. 10 u. 11) und der graphischen Darstellung des Mineralbestandes der „Schnüre" andererseits (Abb. 4) zeigt.

Noch deutlicher wird diese eigenartige Erscheinung im Gebiet des oberen Allertales, wo — trotz praktisch polyhalitfreier „Folien" — das doppelte Maximum der Bromkurve (Abb. 12), das dort bereits im Liniensalz i. e. S. auftritt, höhere Bromwerte (weit über $20^0/_{00}$ Br/NaCl) als bei Staßfurt und Schönebeck aufweist.

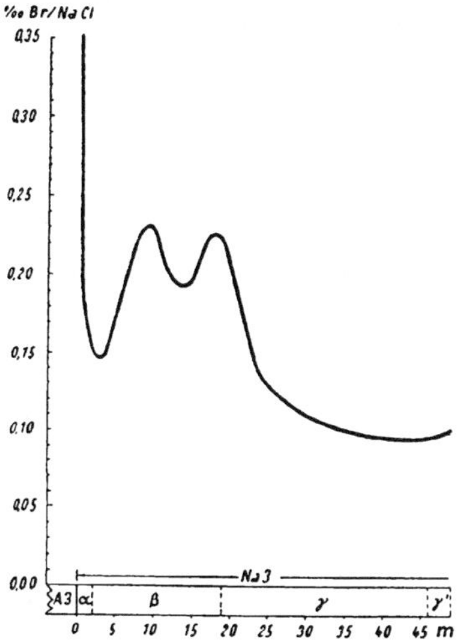

Abb. 12. Bromverteilungskurve des unteren Leinesteinsalzes der Grube Bartensleben-Marie. A3 = Hauptanhydrit. α = Basissalz, β = Liniensalz, γ = Kristallsalz, γ' = Übergangsschichten

Genetische Schlußfolgerungen

Das Auftreten relativ beträchtlicher Polyhalitgehalte der „Schnüre" etwa ab Grenze Liniensalz i. e. S. / Kristallsalz, verbunden mit einer zunehmenden Häufung des Polyhalites in den mittleren und hangenden Teilen des Kristallsalzes bei Schönebeck und am Staßfurter Sattel, schließt von vornherein eine epigenetisch-intrakrustale Entstehung von Polyhalit durch zusitzende Metamorphoselaugen aus dem unterlagernden Kalisalz des Flözes Staßfurt aus. Eine derartige Beeinflussung hätte unter allen Umständen und vor allem die darunter vorhandenen anhydritisch ausgebildeten Lagen im Liniensalz-Teilhorizont betreffen müssen.

Die durch die Untersuchung nachgewiesenen Zonen polyhalitreicher „Schnüre" liegen gewissermaßen isoliert im Kristallsalz und werden im Liegenden (Basis- und Liniensalz i. e. S.) und Hangenden (hangendste Partie des Kristallsalzes, Übergangszone zum Anhydritmittelsalz, Anhydritmittelsalz) von Steinsalzschichten mit fast ausschließlich anhydritführenden „Schnüren" begleitet. Da bei tektonisch in das Liniensalz eingespießtem Hauptanhydrit gelegentlich eine Polyhalitisierung der normalerweise anhydritisch entwickelten „Schnüre" in der Nachbarschaft der „Anhydritklippen" durch aus dem Liegenden aufgedrungene Laugen vorkommen kann (Grube Berlepsch-Maybach, III. Sohle, Abbau 6), muß besonders betont werden, daß die ruhigen Lagerungsverhältnisse der verwendeten Normalprofile diese Möglichkeit nicht offen lassen.

Auch für die Kieseritkristalle in den Kristallsalz-„Schnüren", die bisher nur bei Staßfurt in nennenswerter Menge gefunden wurden, kann eine epigenetisch-intrakrustale Entstehung aus den geschilderten Gründen nicht in Erwägung gezogen werden. Hingegen sprechen die deutlich wahrnehmbaren Verdrängungen sowohl von Anhydrit durch Polyhalit als auch von Anhydrit durch Kieserit für eine frühdiagenetische Umbildung, wie sie ähnlich bereits von K. WEBER (1931 S. 97) für die Polyhalitregion der Übergangsschichten zum Kalisalzlager am Staßfurter Sattel oder auch von W. T. SCHALLER & E. P. HENDERSON (1932 S. 67) und F. H. STEWART (1949 S. 662) für die Polyhalitvorkommen der permischen Salze in den USA bzw. in England angenommen wurde.

Im Verlaufe der zunehmenden Eindampfung, die sich auch im Bromgehalt des Linien- und Kristallsalzes einwandfrei widerspiegelt, wuchs in der Mutterlauge die Konzentration an Kalium- und Magnesiumsalzen, die bei entsprechender Zusammensetzung durch Einwirkung auf Anhydrit Polyhalit und Kieserit zu bilden vermögen. Diese relativ K- und Mg-reichen Laugen sammelten sich, bedingt durch gravitative Laugensonderung, in den tieferen Senken des Beckens. Sie drangen hier von oben in das bestenfalls schwach verfestigte Sediment ein, wobei der präexistente Anhydrit instabil und durch Polyhalit und örtlich auch Kieserit verdrängt wurde. Da Polyhalit und Kieserit vornehmlich als Interpositionen im Steinsalz liegen, muß dabei eine Umkristallisation des Steinsalzes, das in den Schliffen zahlreiche Laugeneinschlüsse aufweist, erfolgt sein. In den hangenden Teilen des Kristallsalzprofiles der Grube Berlepsch-Maybach, wo in der Probe 10b (Abb. 4) ausschließlich feinkristallin-filziger Polyhalit vorliegt, kann unter Umständen eine primäre Polyhalitbildung angenommen werden. Jedoch spricht das auffällige Vorkommen vereinzelter, großer idiomorpher Anhydritkristalle, die in Probe 9b (Abb. 8) auftreten und auf sekundäre Entstehung deuten, für eine frühdiagenetische Polyhalitbildung auch im oberen Teil des Kristallsalzlagers. Die letztgenannten Anhydrite gehören wahrscheinlich einer zweiten Generation an. Sie bildeten sich allem Anschein nach bei der vollständigen Verdrängung der ersten Anhydritgeneration durch Polyhalit, wobei ein entstehender Überschuß des $CaSO_4$ in Gestalt dieser ungewöhnlich großen Anhydrite neu kristallisierte.

Die absinkenden Bromverteilungskurven und das erneute Auftreten primären Anhydrites und das Verschwinden des Polyhalites in den „Folien" des Kristallsalzes dicht unterhalb der Anhydritmittelzone liefert eindeutige Hinweise für eine marine Ingression, die zur Laugenverdünnung führte und die Polyhalitbildung nicht mehr zuließ.

Wesentliche Polyhalit- oder Kieseritgehalte oder gar deutliche Verdrängungen von Anhydrit durch eines dieser beiden Mineralien konnten weder in den anhydritischen „Schnüren" des Basis-, Linien- und Kristallsalzes im oberen Allertal noch bei Bernburg ermittelt werden. Es darf hieraus die Schlußfolgerung gezogen

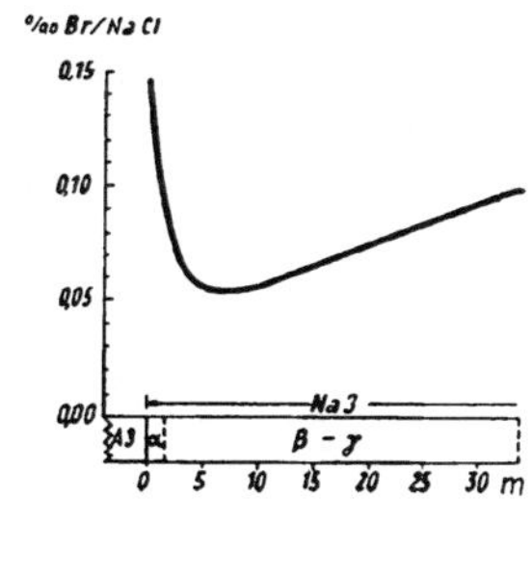

Abb. 13 Bromverteilungskurve des unteren Leinesteinsalzes der Grube Bernburg-Gröna. A3 = Hauptanhydrit, α = Basissalz, β = Liniensalz, γ = Kristallsalz

werden, daß die zugehörigen Mutterlaugen weniger kalium- und magnesiumreich als bei Staßfurt und Schönebeck waren.

Das Lagerstättenrevier des Bernburger Sattels, dessen Bromverteilungskurve — in Einklang mit dem Mineralbestand der anhydritischen „Schnüre" — bemerkenswerterweise nur einen flachen Anstieg im Linien- und Kristallsalz bis zu maximal 0,10 ‰ Br/NaCl erkennen läßt (Abb. 13), muß daher zumindest für die Bildungsdauer dieser Teilhorizonte des Leinesteinsalzes einem flacheren Areal des Zechsteinbeckens zugeordnet werden.

Der Raum Staßfurt-Schönebeck dagegen dürfte in der gleichen Zeit einen tiefer gelegenen Beckenteil eingenommen haben. Das Gebiet des oberen Allertales läßt in diesem Zusammenhang eine eigenartige Sonderstellung erkennen, die vielleicht auf Deszendenzerscheinungen im Sinne von H. EVERDING (1907) beruht. Es treten hier, trotz fehlender nennenswerter Polyhalitgehalte, im Gegensatz zu Bernburg, Staßfurt und Schönebeck, ungewöhnlich hohe Bromwerte in Form eines doppelten Maximums bereits im Liniensalz-Teilhorizont auf, während im Kristallsalz die Bromverteilungskurve vom Liegenden nach dem Hangenden kontinuierlich bis auf unter 10 ‰ Br/NaCl absinkt (vgl. Abb. 12).

Die enge genetische Beziehung zwischen Staßfurt und Schönebeck dokumentiert sich auch durch eine als Bändersalzhorizont bezeichnete spezifische Ausbildung der Liegendpartie des Anhydritmittelsalzes (vgl. G. SIEBERT 1952), die den bisherigen Aufschlüssen zufolge weder am Bernburger oder Ascherslebener Sattel noch im Spaltendiapir des oberen Allertales entwickelt ist. Im Hinblick auf die Faziesdifferenzierung ist weiterhin erwähnenswert, daß das Flöz Staßfurt am Staßfurter Sattel und bei Schönebeck fast stets in Carnallitfazies vorliegt, während besonders am Bernburger Sattel, im oberen Allertal und im geringeren Maße bei Aschersleben neben Carnallitgestein größere Hartsalzvorkommen und Vertaubungen aufgeschlossen sind.

Schlußbetrachtungen

Unterschiedliche Ansichten über die Entstehungsbedingungen des Minerals Polyhalit in den salinaren Sedimenten waren Anlaß zu genetischen Untersuchungen im Basis-, Linien- und Kristallsalz (Zechstein 3) des mitteldeutschen Raumes.

Zu diesem Zweck wurden Proben aus Normalprofilen einiger Grubenaufschlüsse des Magdeburg-Halberstädter Beckens entnommen und der Mineralbestand der „Schnüre" dieser Teilhorizonte im Dünnschliff bzw. gravimetrisch-optisch geprüft.

Es ergab sich, daß die sulfatischen Gemengteile der „Folien" im Basis- und Liniensalz der untersuchten Lagerstättenreviere fast ausschließlich aus Anhydrit bestehen. Untergeordnet können auch Polyhalit und Kieserit (?) in ganz unerheblicher Menge vorkommen. Das gleiche gilt auch für den Kristallsalz-Teilhorizont des oberen Allertales und Bernburger Sattels. Abweichend davon treten in der Dislokationszone von Schönebeck und am Staßfurter Sattel beträchtliche Polyhalitgehalte in den „Schnüren" des Kristallsalzes auf. Bei Staßfurt konnten im gleichen Teilhorizont außerdem noch relativ große Mengen Kieserit nachgewiesen werden. In beiden Revieren werden jedoch die „Linien" des Kristallsalzes dicht unterhalb des hangenden Anhydritmittelsalzes wieder vollkommen anhydritisch.

Der prozentuale Anteil der verschiedenen Sulfatmineralien in den „Schnüren" des Kristallsalzes und deutliche Verdrängungen von Anhydrit durch Kieserit und Polyhalit sowie offensichtlich sekundäre Anhydritneubildungen führen zu der Altersfolge

Anhydrit ⟶ (Kieserit) ⟶ Polyhalit ⟶ Anhydrit.

Die vergleichsweise relativ polyhalit- und kieseritreichen Steinsalzzonen liegen gewissermaßen isoliert im Profil, da sie im Liegenden und Hangenden von Steinsalzschichten mit anhydritischen „Schnüren" begleitet werden.

Dieser Tatbestand schließt eine sekundäre epigenetisch-intrakrustale Entstehung der Polyhalite bzw. Kieserite im Kristallsalz durch zusitzende Laugen aus dem unterlagernden Kalisalzflöz aus.

Die eindeutig ermittelte Umbildung des präexistenten Anhydrites zu Polyhalit und lokal auch Kieserit kann spätestens in einem frühdiagenetischen Stadium durch Einwirkung kalium- und magnesiumsalzreicher Mutterlaugen auf das höchstens schwach verfestigte Sediment erfolgt sein. Derartige Laugen, die auf eine fortgeschrittene Eindampfung deuten, zeigen die durch gravitative Sonderung bedingte Tendenz, sich in tieferen Beckenteilen anzusammeln. Der Raum Staßfurt-Schönebeck kann daher — zumindest für die Zeit der Kristallsalzabscheidung — gegenüber dem etwas seichteren Bernburger Gebiet einer (Spezial?-) Senke zugeordnet werden. Das erneute Auftreten primären Anhydrites und das Verschwinden des Polyhalites in den „Linien" des Kristallsalzes dicht unterhalb der Anhydritmittelzone läßt sich auf eine Laugenverdünnung durch Meerwasserüberflutung zurückführen. Die genetischen Schlußfolgerungen werden durch feinstratigraphische Merkmale und detaillierte Bestimmung der Bromgehalte im Steinsalz, die ein Abbild der Laugenkonzentration darstellen, gestützt.

Für das Problem der Faziesdifferenzierung in den Evaporaten liefern die Untersuchungsergebnisse den Hinweis, frühdiagenetischen Umsetzungen künftig erhöhte Aufmerksamkeit zu schenken.

Zusammenfassung

Gegensätzliche Ansichten über die Bildungsbedingungen des Polyhalites in den Salzgesteinen gaben Anlaß zu genetischen Untersuchungen im unteren Leinesteinsalz (Zechstein 3) Mitteldeutschlands. In den linienartigen anhydritischen Einlagerungen dieser Steinsalzfolge konnten lokal ein erheblicher Polyhalit- und Kieseritgehalt nachgewiesen werden. Die stratigraphische Position dieser Salzmineralien und auffällige Verdrängungserscheinungen von Anhydrit durch Polyhalit und Kieserit weisen eindeutig auf frühdiagenetische Umbildung präexistenten Anhydrites zu Polyhalit und auch Kieserit. Der regional unterschiedliche Anteil der genannten Sulfatmineralien in den „Linien" des unteren Leinesteinsalzes zwingt zur Annahme einer wechselnden Konzentration der Mutterlauge und gestattet Rückschlüsse auf die relative Beckentiefe. Die genetischen Schlußfolgerungen werden durch feinstratigraphische Merkmale und den Bromgehalt des Steinsalzes untermauert.

Резюме

Различные мнения об условиях образования полигалита в соляных породах послужили предлогом для генетических исследований в цехштейне 3 в Средней Германии. В линиеподобных ангидритных отложениях этой соляной формации было местами обнаружено значительное количество полигалита и кизерита. Стратиграфическая позиция этих соляных минералов и ясно выраженное вытеснение ангидрита полигалитом и кизеритом свидетельствуют несомненно о раннем диагенетическом преобразовании предшествовавшего ангидрита в полигалит и кизерит. То, что доля этих сульфатных минералов в „линиях„ цехштейна 3 местами различна, наводит на предположение, что концентрация маточного щелка (Муттерлауге) менялась и позволяет сделать выводы об относительнок глубине бассейна. Заключения, сделанные относительно генезиса [полигалита], подтверждаются тонкостратиграфическими признаками каменной соли, а также содержанием в ней брома.

Summary

Opposite opinions on the conditions of formation of polyhalite in salt minerals started genetic investigations in the lower Leine rock salt (Zechstein 3) of Central Germany. Evidence could be given of a considerable content of polyhalite and kieserite at special places in the line intercalations of anhydrite of this rock salt series. The stratigraphical position of these salt minerals and remarkable processes of displacement of anhydrite by polyhalite and kieserite clearly point to an early diagenetic transformation of pre-existent anhydrite into polyhalite and kieserite too. The different regional quota found in the „lines" of the lower Leine rock salt of the sulphate minerals mentioned compels to suppose a variable concentration of the mother lye, and allows to draw conclusions of the relative depth of the basin. The genetical conclusions are underlined by fine-stratigraphical features and the bromine content of the rock salt.

Literatur

D'ANS, J.: Die Lösungsgleichgewichte der Systeme der Salze ozeanischer Salzablagerungen. – Berlin 1933.

ARMSTRONG, G., K. C. DUNHAM, C. O. HARVEY, P. A. SABINE & W. F. WATERS: The paragenesis of sylvine, carnallite, polyhalite and kieserite in Eksdale borings nos. 3, 4 and 6, north-east Yorkshire. – The Mineral. Mag., 29, S. 667–689, London 1952.

BAAR, A.: Entstehung und Gesetzmäßigkeiten der Fazieswechsel im älteren Kalilager am westlichen Südharz unter besonderer Berücksichtigung des Kaliwerkes Bismarckshall. – Z. Kali, 38, S. 175, Halle 1944; Z. Kali, 39, S. 3, Halle 1945.

BERGER, W.: Beitrag zur Kenntnis des Salzgebirges der Gewerkschaft „Einigkeit" bei Fallersleben (Provinz Hannover). – 7. Jber. Nieders. Geol. Ver., S. 1–33, Hannover 1914.

BORCHERT, H.: Grundzüge der Entstehung der Metamorphose ozeaner Salzlagerstätten. – In: Mineralsalze ozeanischen Ursprungs, Symposium 1958, Freib. Forsch.Hefte A 123, S. 11–40, Berlin 1958.
– Ozeane Salzlagerstätten. – Berlin 1959.

EVERDING, H.: Zur Geologie der deutschen Zechsteinsalze. – Deutschlands Kalibergbau; Festschrift z. X. Allg. Deutschen Bergmannstage zu Eisenach 1907, S. 25–133, Berlin 1907.

FERLING, W.: Über einige neue Untersuchungsmethoden an Salzgesteinen und ihre Anwendung im Kalibergbau unter besonderer Berücksichtigung der Verhältnisse auf dem Kaliwerk Wilhelmshall-Ölsburg. – Z. Kali, 24, S. 161, Halle 1930.

GÖRGEY, R.: Über die Kristallform des Polyhalit. – Min.-petr. Mitt., 33, S. 48–102, Wien 1915.

HERFORTH, E.: Mineralogisch-petrographische Untersuchung der Schachtanlage Roßleben I/II des VEB Kaliwerk Roßleben. – Dipl.-Arb., Min.-petr. Inst. Jena, 1958 (unveröff.).

JARSCHEMSKIJ, J. J.: Zur Frage der Genese des Polyhalits in Kalilagerstätten. – Arb. d. Wiss. Forsch.Inst. Halurgie d. UdSSR in Leningrad, XXIX, S. 223–259, 1954. – Sammelref. v. A. G. HERMANN: Z. Geologie. 6, S. 861–864, Berlin 1957.

KEIL, K.: Mineralogisch-petrographische Untersuchung der Kali- und Steinsalzlagerstätte „Friedenshall" bei Bernburg (ehemals Solvayhall). – Dipl.-Arb., Min.-petr. Inst. Jena 1958 (unveröff.).

KUŹNIAR, C.: Bei LOTZE, F.: Steinsalz und Kalisalze, Geologie. – In: STUTZER, O.: Die wichtigsten Lagerstätten der Nichterze, 3, Berlin 1938.

LÜCK, H.: Beitrag zur Kenntnis des älteren Salzgebirges bei Staßfurt nebst Bemerkungen über die Pollenführung des Salztones. – Dissert., Leipzig 1913.

MAYRHOFER, H.: Über ein Langbeinit- und Kainitvorkommen im Ischler Salzgebirge. – Der „Karenthin", S. 94–98, 1955.

MÜLLER, E.: Die Salzlagerstätte am Nordostrande der Mansfelder Mulde in den Aufschlüssen der Kaliwerke Wils, Johannashall und Salzmünde. – Z. Kali, 23, S. 57, Halle 1929.

SCHALLER, W. T. & E. P. HENDERSON: Mineralogy of drill cores from the potash field of New Mexico and Texas. – US. Geol. Survey Bull., 833, Washington 1932.

SCHULZE, G.: Stratigraphische und genetische Deutung der Bromverteilung in den mitteldeutschen Steinsalzlagern des Zechsteins. – Dissert., Min.-petr. Inst. Rostock, 1958 (unveröff.).

SIEBERT, G.: Vergleichend feinstratigraphische Untersuchungen der Jüngeren und Jüngsten Salzfolge (III. u. IV. Zyklus) im Magdeburg-Halberstädter Becken mit einer speziellen Bearbeitung des Roten Salztones von Angersdorf b. Halle. – Dissert., Berlin 1952 (unveröff.).

STEWART, F. H.: The petrology of the evaporites of the Eksdale No. 2 boring, east Yorkshire, Part. I. The lower evaporite bed. – The Min. Mag., 28. S. 621–675, 1949.

VAN'T HOFF, J. H.: Untersuchungen über die Bildungsverhältnisse der ozeanischen Salzablagerungen. – Leipzig 1912.

WALJASCHKO, M. G. & A. A. NETSCHAJEWA: Experimentelle Untersuchung der Bildungsbedingungen des Polyhalites. – Mineralog. Sammelband d. Geol. Ges. Lwow, 6, 1952.

WEBER, K.: Geologisch-petrographische Untersuchungen am Staßfurt-Egelner Sattel unter besonderer Berücksichtigung der Genese der Polyhalit- und Kieserit-Region. – Z. Kali, 25, S. 17, Halle 1931.

Zonale Strukturbildungen im Salzdomgebiet nördlich des Kaspischen Meeres[1)]

G. E.-A. EISENSTADT

Durch das Studium der Salzdomtektonik im am besten erforschten Teil der Nordkaspischen Senke, d. h. im südlichen Emba-Gebiet, ist es möglich, im Kartenbild eine zonale Verteilung der einzelnen Typen von Salzdomen zu erkennen.

Vor einigen Jahren hat Verf. (1956) die Salzdome vom Typ Sueschbek, Karaton, Narmundanak, Kulssary, Dossor, Baitschunas und Iskine mit ihren Untertypen Tschernaja Retschka, Kuttubai und Inder klassifiziert und bestimmt. Außer der Charakteristik der Strukturhaupttypen hob Verf. in allgemeinen Zügen hervor, daß manche Salzdome ganz gesetzmäßig liegen und in bestimmten Gebieten überwiegen, wobei sie sich der Tektonik von Strukturzonen größerer Flächenausdehnung anpassen.

Die Abbildung zeigt schematisch die Verteilung der verschiedenen Typen von Domen. Bei der Zusammenstellung des Schemas wurde alles vorhandene geologische und geophysikalische Material benutzt. Die Zuordnung der einzelnen Dome zu dem einen oder anderen Typus geschah auf Grund der Angaben, die die Morphologie des Salzkerns und die Struktur der über dem Salz liegenden Gesteine charakterisieren. Abgesehen davon, daß die einzelnen Salzdome nicht in gleichem Maße untersucht sind, kann man auf Grund des Vorhandenseins einer Reihe von typischen Formen in dieser oder jener Zone sowie auf Grund der allgemeinen tektonischen Vorstellungen die Grenzen zwischen den Zonen sicher ziehen.

Aus dem Schema (s. Abb.) ist ersichtlich, daß die Salzdomtypen einander in Nord–Süd-Richtung ablösen. Im Süden des Gebietes liegen die Salzdome vom Typus Sueschbek. Nördlich davon schließen sich die Dome vom Typ Karaton an, die in gleicher Richtung nacheinander von den Strukturen der Typen Kulssary, Dossor, Kuttubai und Inder abgelöst werden. Im Westteil des südlichen Emba-Gebietes ist infolge der Besonderheiten des geologischen Baues das oben beschriebene Bild der „normalen" Aufeinanderfolge in der Salzdomverteilung etwas komplizierter. Hier, im Küstengebiet, treten Strukturen vom Typus Iskine, Tschernaja Retschka und Baitschunas auf, die im Osten und Norden von einem Gebietsstreifen mit Salzdomen vom Typus Kulssary umgeben werden (Korsak, Ksyldshar 1, Tjulegen, st. Iskine, Karabatan, Kandaurowo u. a.).

Es ist charakteristisch, daß die Streichrichtung der Hauptzonen von Westen bis Südwesten nach Osten bis Nordosten mit der Richtung der Achsenlinie der Süd-Emba-Erhebung und mit dem Streichen der Isohypsen der Hangendfläche der subsalinaren Ablagerungen nach der Karte von M. I. BARENBEUM (1955) zusammenfällt.

1) Aus „Geologija Nefti i Gasa, H. 8, 1959, S. 13–18. Übers.: RIPPEL.

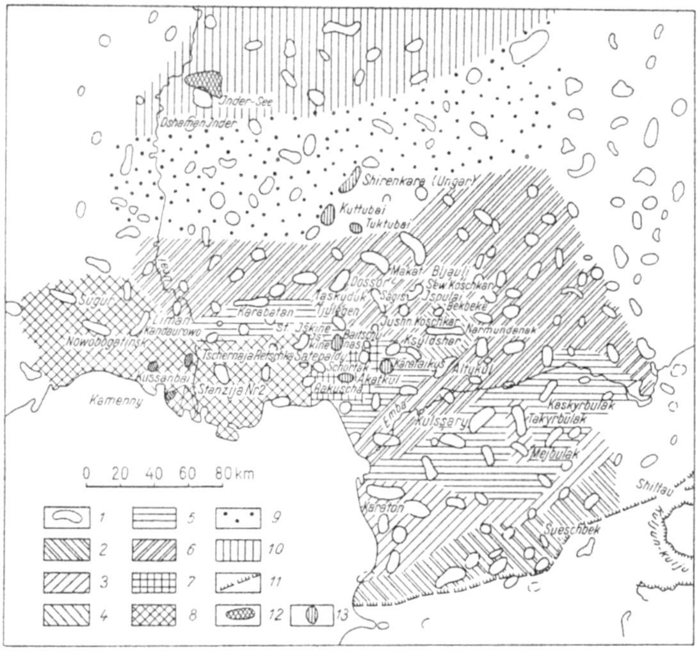

Die Anordnung der Haupttypen von Salzdomen im südlichen Emba-Gebiet (zusammengestellt von G. E.-A. EISENSTADT 1958)

1 — Umrisse der Salzdome nach geophysikalischen Angaben; Zonen der Verbreitung der Dome vom Typ 2 — Sueschbek, 3 — Karaton, 4 — Narmundanak, 5 — vorwiegend Kulssary, 6 — Dossor, 7 — Baitschunas, 8 — Iskine Nowobogatinsk, 9 — Kuttubai, 10 — Inder, 11 — Nordgrenze des Gebietes der Süd-Emba-Erhebung, 12 — Dome mit Ausbiß des Gipshutes an der Tagesoberfläche, 13 — Dome mit tiefgehender Erosion zur Kreidezeit

Im Rahmen der allgemeinen zonalen Anordnung lassen sich in zwei Fällen Flächen mit Kuppeln einheitlichen Typs mit Nord—Süd-Streichen ausscheiden. Solche Felder bilden die einander benachbarten Dome Mejbulak und Takyrbulak, die sich in der Verbreitungszone der Salzdome vom Typ Kulssary befinden, ihrer Struktur nach jedoch denen vom Typ Karaton nahestehen, sowie die Salzdome Altykul, Narmundanak, Bekbeke und Ispulai, d. h. Salzdome vom Typ Narmundanak, die inmitten von Strukturen vom Typ Dossor auftreten. Es ist bezeichnend, daß in beiden Fällen diese für die sie einschließende Zone „fremden" Salzdome weniger „reif" sind als die umliegenden Dome. Die „fremden" Dome zeigen eine größere Lagerungstiefe des Salzkerns, eine relativ ruhigere Tektonik in den über dem Salz liegenden Gesteinen und eine Reihe anderer spezifischer Besonderheiten. Die Hauptzonen sind im Bereich des untersuchten Teils des Gebietes auf 150 bis 200 km zu verfolgen, die Nord—Süd streichenden Zonen im ganzen auf 30 bis 60 km.

Die Ursachen, die die Verteilung der Dome verschiedenen Typs bestimmen, sind offensichtlich in den Besonderheiten der regionalen Tektonik dieses Teils der Nordkaspischen Senke zu suchen. Hier lassen sich vor allem solche großen Struktureinheiten wie die Süd-Emba-Erhebung feststellen, in der die ersten Bewegungen bereits im Unteren Perm, möglicherweise auch bereits an der Grenze vom Karbon zum Devon begannen, sowie das nördlich davon gelegene Senkungsgebiet, in dem Salzdome auftreten. Die dem nordkaspischen Senkungsgebiet zugewandte Nordflanke der Süd-Emba-Erhebung geht allmählich unter sehr flachen Winkeln in das Subsalinar der Artinsk-Stufe über, das ebenfalls eine allgemeine Neigung nach Norden in die Richtung von Inder besitzt, wo es in etwa 9 km Tiefe liegt. Das Absinken des Subsalinars trägt stellenweise offenbar staffelförmigen Charakter. Stufen von 200 bis 500 m Höhe sind auf einigen seismischen Regionalprofilen fixiert. An die Nordflanke der Süd-Emba-Erhebung schließt sich in einer Tiefe von ca. 5000 m im Gebiet der Salzdome Kulssary, Takyrbulak und Kaskyrbulak noch ein weiterer verdeckter Wall an. Es ist nicht ausgeschlossen, daß noch weiter nördlich in großen Tiefen innerhalb des Salzdomgebietes durch seismische Untersuchungen weitere überdeckte Erhebungen vom gleichen Typus gefunden werden.

Die Mächtigkeitsverteilung in den Sedimenten des Mesozoikums und Känozoikums im Bereich des Salzdomgebietes deutet ebenfalls darauf hin, daß möglicherweise ein Strukturrelief an der Oberfläche des Subsalinars vorhanden ist und daß hier Bewegungen vor sich gehen, die in den einzelnen Gebietsteilen verschiedene Amplitude und verschiedenen Sinn zeigen. Der ähnliche Charakter im Bau des Subsalinars bedingte Unterschiede in der ursprünglichen Mächtigkeit der salzführenden Ablagerungen und ihrer petrographischen Zusammensetzung, insbesondere im Küstenbereich und im zentralen Teil des Beckens. Dies war auch eine der Ursachen für die unterschiedliche Salzdomtektonik in den einzelnen Teilen des untersuchten Gebietes.

Nach der Höhe der Salzstöcke über ihrer Basis (d. h. dem Subsalinar) kann man mit einem gewissen Sicherheitsgrad die Mächtigkeit des ursprünglichen Salzlagers beurteilen. Die maximale Mächtigkeit (2000 bis 2500 m) in dem untersuchten Teil des nördlichen Kaspi-Gebietes erreichte es anscheinend im Gebiet von Inder, die minimale nahe der Süd-Emba-Erhebung. Zwischen diesen extremen Randgebieten entstanden Strukturen, die eine ganz gesetzmäßig aufgebaute Serie von genetisch und morphologisch ineinander übergehenden Formen vom Typ Sueschbek im Süden bis zum Typ Inder im Norden bilden. Wenn zwischen den Salzdomen einer tiefgründigeren Zone solche anderer Typen auftreten, die mehr zu einer der weniger tiefgründigen Strukturzonen gehören, so sind diese Ausnahmen wahrscheinlich auch dadurch bedingt, daß sie in Gebieten mit verhältnismäßig geringer Tiefenlage des Subsalinars gelegen sind.

Ein gutes Beispiel für den Einfluß der Besonderheiten der Entwicklung größerer Strukturelemente auf die Bildung von Salzdomen eines bestimmten Typus besteht darin, daß die Dome vom Typ Baitschunas an die gleichnamige mesozoische Senke gebunden sind; an ihrer Peripherie liegt ein Gürtel von Salzdomen vom Typ Kulssary. Die Senke von Baitschunas wurde auf Grund der Mächtigkeitszunahme der Unteren Kreide und des Mittleren Juras festgestellt, die auf eine langandauernde Periode allgemeiner Senkungstendenz in diesem Gebiet hinweist. Die in diesem Bereich untersuchten Dome von Baitschunas, Akatkul, Karataikys usw. zeigen starke Erosion an der Grenze zwischen Jura und Kreide. In den Scheitelteilen der Salzdome fallen hier in den Profilen häufig Jura und Trias aus, so daß unmittelbar über dem Salz Untere Kreide, insbesondere Valendis, liegt. Im Laufe der Kreidezeit fand hier auch eine tiefgreifende Erosion statt. So wurden in diesem Gebiet eigenartige Inversionserscheinungen dann beobachtet, wenn eine bedeutende Senkung des Gebiets in der folgenden Etappe von einer intensiven Hebung abgelöst wurde. Zur Peripherie der Senkung hin wurde die Intensität der Bewegungen schwächer, und hier entstanden die Dome vom Typ Kulssary, auf denen nicht mehr so starke Erosionen und Diskordanzen beobachtet werden.

Westlich von dieser Senke liegt eine andere Senkungszone, die am Meer gelegene Senke von Nowobogatinsk, in der die Bewegungen jünger sind. Zu starken Senkungen kam es hier im Paläogen und hauptsächlich im Neogen. Die Gesamtmächtigkeit der tertiären Ablagerungen erreicht in der Zone von Nowobogatinsk 2 bis 2,5 km. Der Senkung folgte eine intensive Hebung am Ende des Neogens und im Quartär. Als Ergebnis bildeten sich dem Ausmaß nach recht große Dome, wie die von Nowobogatinsk, Sugur, Liman u. a. In der Neogen-Zeit stieg das Salz in vielen Domen dieser Zone bis an die Erdoberfläche. Das führte zur Bildung ebener, tafelartiger Erhöhungen auf den Salzstöcken, auf denen unmittelbar die Ablagerungen der Aktschagyl- und der Apscheron-Stufe mit der relativ geringen Mächtigkeit von 150 bis 250 m auflagern. In dieser Zone findet man auch eine Ansammlung von Salzdomen, deren Gipshut an die Erdoberfläche austritt (Kusanbai, Tschernaja Retschka, Stanzija Nr. 2, Kamenny u. a.) und die von der starken Aktivität der Dombildung gerade in diesem Gebiet Zeugnis ablegen. Der Dom von Iskine, der sich an der Peripherie in der Nordostecke der Zone von Nowobogatinsk befindet und für den ebenfalls der tafelförmige Scheitel und eine beträchtliche Mächtigkeit der tertiären Ablagerungen in der im Süden angrenzenden Mulde kennzeichnend sind, ist weniger erodiert als die Dome im zentralen und im westlichen Teil dieser Zone. Innerhalb des ganzen Scheitels ist hier auch die Trias erhalten geblieben, die unter den Quartärablagerungen liegt. In dieser Zone und in der benachbarten Senke von Baitschunas finden sich Salzdome mit großen Triasflächen unter dem Neogen oder den Quartärablagerungen (Iskine, Satepaldy, Schortak, Rakuscha, Nowobogatinsk). Dergleichen ist in den anderen Teilen des untersuchten Gebiets nicht zu beobachten; dort überwiegen auf der geologischen Karte in der Regel Flächen mit Jura- und Kreideablagerungen im Norden und Osten des Gebietes und mit Paläogen im Süden. Auch in diesem Falle bestimmte die Ortslage der Dome die Besonderheiten ihres Aufbaus. Es ist möglich, daß in einzelnen Gebieten die Grenze der Zone von Nowobogatinsk in der Tiefe Brüchen im subsalinaren Grundgebirge entspricht, eine Ansicht, wie sie N. A. KALININ (1954) zur Diskussion stellt.

Eine andere Senkungszone der Kreidezeit ist nach dem Charakter der Valendis-Ablagerungen insbesondere für die Gebiete der Dome von Ungar, Kuttubai und Tuktubai festzustellen. Wie in der Depression von Baitschunas-Tentjaksorsk ist auf ihnen das Valendis erhalten geblieben, und in den Scheitelteilen der Dome liegt die Untere Kreide unmittelbar über dem Salz.

Auf diese Weise wurde die ursprüngliche Zonalität der Salzdome, die durch deren Lage im Becken, durch ihre Entfernung vom Rande und durch dessen Natur bestimmt wurde, von verschiedenaltrigen Strukturen zweiter Ordnung, jüngeren und älteren, insofern beeinflußt, als diese Strukturen nicht gleichzeitig entstanden und als in den folgenden Entwicklungsetappen die Perioden intensiver Senkung und Hebung in ihnen wie auch die Amplituden der Oszillationsbewegungen nicht immer übereinstimmten.

Die Gesetzmäßigkeiten in der Verteilung der Salzdome verschiedenen Typs auf dem untersuchten Territorium bestimmen auch die Verteilung der Erdöllager verschiedenen Typs und ihren wirtschaftlichen Wert. Die im Süden, an den Domen vom Typ Karaton in den Jura- und Kreideablagerungen festgestellten Lager gehören zur Gruppe derjenigen, die durch Verwerfungen im scheitelnahen Teil des Domes und durch solche am Rande in Tiefen von 600 bis 1200 m abgeschirmt sind. Weiter nördlich befinden sich, entsprechend der veränderten Morphologie und den veränderten Lagerungsbedingungen der Salzkerne der Dome und der Hangendgesteine des Salzes, auf den Domen vom Typ Kulssary im wesentlichen Lager an den abgesunkenen Flanken, die durch den Hang des Salzkerns in der Trias und im Jura in Tiefen von 1300 bis 1400 m abgeschlossen, sowie Lagerstätten, die durch Verwerfungen am Scheitel des Domes in den Kreideablagerungen abgeschirmt sind. Im Bildungsbereich der Salzdome vom Typ Dossor sind diejenigen Lager von größter Bedeutung, die in Tiefen von 70 bis 400 m durch Verwerfungen am Scheitel des Domes abgeschirmt sind. Auf den Domen vom Typ Baitschunas sind Lager entwickelt, die durch eine stratigraphische Diskordanzfläche und durch Verwerfungen in den Jura- und Kreideablagerungen im wesentlichen in geringen Tiefen (bis 600 m) abgeschirmt sind. Die Fallen entstanden hier im Zusammenhang mit tiefgehender Erosion an der Grenze Jura—Kreide und in voraptischer Zeit. Der größere Teil aller im Emba-Gebiet vorhandenen Lager ist an antiklinale Verbiegungen gebunden, die an den gehobenen und abgesunkenen Flügeln der Dome auftreten, was das allgemeine Bild von dem Bau der Lager etwas komplizierter gestaltet.

Diese antiklinalen Verbiegungen an den Flanken der Dome, die sogenannten zusätzlichen kuppelförmigen Erhebungen, entstanden in den Gesteinen der Trias, des Juras und der Kreide in Verbindung und gleichzeitig mit Bewegungen an Verwerfungen und erscheinen besonders deutlich an den Domen vom Typ Kulssary und Dossor.

In allen erwähnten Fällen handelt es sich lediglich um die bedeutendsten Erdöllager. An diesen Domen kann man auch Lager anderer Typen antreffen, jedoch mit geringeren Vorräten. So befindet sich am Sagis, einem Fluß nördlich der Emba, ein Dom vom Typ Kulssary, an dessen gehobenem Westflügel ein den Ausmaßen nach geringes Lager in der Trias auftritt, das durch eine Grabenverwerfung abgeschirmt ist. An der gehobenen Flanke südwestlich von Koschkar (Dom vom Typ Kulssary) gibt es Lager, die durch eine stratigraphische Diskordanzfläche abgeschirmt sind und in ihren Vorräten stark hinter den Hauptlagern des abgesunkenen nordwestlichen Flügels zurückstehen.

Bei Iskine sind zwei Lager festgestellt worden. Das Lager in der Trias am Ostflügel des nördlichen Iskine gehört zum Typ derjenigen Lager, die durch randliche

Verwerfungen an der Flanke des Domes abgeschirmt sind. Im West- und Ostteil des südlichen Iskine werden die Lager durch Verwerfungen und durch den Salzstock abgeschirmt und sind an einen mächtigen transgressiven Sandhorizont an der Basis des Apts gebunden, der diskordant auf die steil gestellten und erodierten Schichten des Mittleren Juras auflagert. Einzelne Bohrungen haben anscheinend auch im Jura Erdölhorizonte aufgeschlossen. Diese beiden Lager sind nicht nur von wissenschaftlichem, sondern auch von praktischem Interesse, da sie die möglichen Lagertypen an anderen Domen dieses Typs oder verwandter Typen in den Zonen von Nowobogatinsk und Kuttubai charakterisieren.

Bei Nowobogatinsk beutete man seinerzeit eine Sandlinse im unteren Teil des Aktschagyl aus, in der sich leichtes Erdöl angesammelt hatte, das aus den unterlagernden, steil einfallenden und erodierten Schichten von Trias, Jura und Kreide migriert war. Der Dom von Nowobogatinsk ist im großen und ganzen noch unzureichend erkundet. Auf den Feldern mit Domen vom Typ Sueschbek und Kuttubai ist eine wirtschaftliche Erdölführung bisher noch nicht festgestellt worden. Die Dome in der Zone von Inder sind noch nicht erkundet.

Eine beträchtliche Anzahl von Erhebungen im Süd-Emba-Gebiet ist zur Zeit entweder durch Tiefbohrungen oder durch seismische Erkundungsarbeiten und Struktursuchbohrungen untersucht. Man kann einige Grundrichtungen festellen, nach denen sich die geologischen Such- und Erkundungsarbeiten sowie gleichzeitige wissenschaftliche Untersuchungsarbeiten entwickeln können.

Die tieferen, verdeckten Randteile der Salzdomstrukturen, die sich in der Zeit des Oberen Perms bildeten, sind im wesentlichen noch nicht erkundet worden, abgesehen von zwei bis drei Bohrungen, die im Dossor-Gebiet niedergebracht wurden, sowie von einigen Bohrungen in Kulssary und Dangar. Einige Bohrungen wurden unter ungenügend klaren geologischen Bedingungen durchgeführt und können deshalb nicht dazu beitragen, das Problem der Erdölführung dieses Strukturstockwerks zu lösen. Auch die Stratigraphie und die faziellen Besonderheiten der Ablagerungen des Oberen Perms, die die Senken zwischen den Salzstöcken ausfüllen, sind noch nicht untersucht. Es gibt auch in den zentralen Teilen der Zonen zwischen den Domen Objekte zur Erkundung.

Um die Konfiguration der verdeckten Flanken der Salzkerne mit seismischen Mitteln zu untersuchen, die Lagerungsbedingungen der die Stöcke umgebenden Gesteine des Oberen Perms zu klären und günstige Objekte für die Erkundung aufzusuchen, werden Tiefbohrungen bis zu einer technisch erreichbaren Tiefe in den Scheiteln einer Reihe von Salzkernen im Süd-Emba-Gebiet durchgeführt.

Bei der Untersuchung der Bedingungen für die Bildung von Erdöllagern an den Domen des Emba-Gebiets hat man festgestellt, daß dieser Prozeß in mehreren Phasen verlaufen ist und daß die Lager in einer Reihe von Fällen durch neogene Verwerfungen abgeschirmt werden. Dies läßt darauf schließen, daß sie erst vor relativ kurzer Zeit entstanden sind. Daher sind künftig nicht nur die Scheitelteile der Dome, sondern auch die Randteile zu erkunden. Insbesondere gilt dies für die Salzdome derjenigen Typen, deren Scheitel erodiert sind. Dome dieser Art sind im Gebiet nördlich von Dossor und Makat sowie zwischen den Flüssen Wolga und Ural bekannt.

Die nachgewiesene Zonalität in der Anordnung der Salzdome und der deutlich ausgeprägte Zusammenhang zwischen den einzelnen Typen der Salzdome und den Bedingungen für die Bildung ausgedehnter Senken und Hebungsgebiete erfordern unbedingt regional-geologische Arbeiten zur Feststellung weiterer günstiger Abschnitte im nördlichen Kaspi-Gebiet, in denen Dome entwickelt sind, die ihrem Charakter nach denjenigen vom Typ Karaton, Kulssary, Dossor und Baitschunas analog oder verwandt sind und deren scheitelnahe Teile erhalten geblieben sind.

Im Bereich der erforschten Teile des nördlichen Kaspi-Gebietes hat man eine Abhängigkeit zwischen dem Grad der Erdölsättigung des Profils der mesozoischen Ablagerungen und ihren Bildungsbedingungen festgestellt. Überblickt man das Gebiet von Nordosten nach Südwesten, d. h. vom Temir- bis zum Süd-Emba-Gebiet, so bemerkt man, daß immer jüngere produktive Suiten von der Trias bis zum Oberen Alb aufeinanderfolgen. In anderen Teilen des nördlichen Kaspi-Gebietes sind diese Fragen ebenso wie die grundsätzliche Frage nach dem Vorhandensein wirtschaftlich ölführender Schichten in diesem oder jenem Gebiet noch nicht gelöst.

Weitere wissenschaftliche Untersuchungen müssen die unterschiedlichen Bedingungen für die Bildung von Domen verschiedenen Typs klären, die die entsprechenden Veränderungen der hydrogeologischen Verhältnisse der einzelnen Erhebungen und der ausgedehnten Strukturzonen verursachten, welche entweder zur Zerstörung der Erdöllager oder zu ihrer sicheren Isolierung führten. Die Klärung dieser Fragen muß eine richtige wissenschaftlich begründete Methodik ergeben, nach der man die Dome zur Erkundung auswählt. Darin besteht im wesentlichen die Hauptaufgabe der bevorstehenden wissenschaftlichen Untersuchungarbeiten in diesem Gebiet.

Zusammenfassung

In dem Beitrag wird die Zonalität in der Anordnung von Salzdomen verschiedenen Typs im Gebiet nördlich des Kaspischen Meeres dargelegt. Der deutlich ausgeprägte Zusammenhang in der Anordnung von Zonen charakteristischer Salzdomtypen mit der Tektonik, d. h. mit der Bildung ausgedehnter Senken und Hebungsgebiete in der Nordkaspi-Senke, wird hervorgehoben.

Die Gesetzmäßigkeiten in der zonalen Anordnung der Salzdome verschiedenen Typs bestimmen auch das Auftreten der Erdöllager verschiedenen Typs und deren wirtschaftlichen Wert.

Резюме

В данной работе излагается зональность в расположении соляных куполов разного типа в Северо-Прикаспийской области. Подчеркивается ясно выраженная связь между расположением зон характерных типов соляных куполов и тектоникой, т. е. образованием обширных впадин и возвышенностей в Северо-Каспийской впадине.

Закономерности зонального расположения соляных куполов разных типов влияют также на возникновение нефтяных месторождений разных типов и их промышленное значение.

Summary

A description is given of the zonal division of salt domes of a different type found in the area north of the Caspian

Sea. Special importance is assigned to the clearly marked relationship between the zonal arrangement of characteristic types of salt domes and tectonics, i. e. the formation of vast troughs and areas of uplift in the North Caspian depression.

Regularities found in the zonal arrangement of salt domes of a different type also influence decisively the occurence of petroleum deposits of a different type and their economic value.

Literatur

BARENBEUM, M. I.: Strukturschema der Oberfläche des Subsalinars im Südosten der Nordkaspischen Senke. — Ber. Akad. Wiss. der UdSSR, Bd. 101, H. 1, 1955.

EISENSTADT, G. E.-A.: Schema zur Klassifizierung der Salzdome des südlichen Emba-Gebietes. — Geol. Sammelband 2. Arbeiten des WNIGRI, N. F., Ausg. 95, 1956.

KALININ, N. A.: Zur Tektonik des Südostens der Russischen Tafel. — Erdölwirtschaft, H. 10, 1954.

KOSSYGIN, J. A.: Die Salztektonik der Tafelgebiete. — Gostoptechisdat, Moskau 1950.

Zur Erkundung überdeckter Strukturen[1]

I. A. SCHPILMAN

Gegenwärtig wird im Wolga-Ural-Gebiet in großem Umfang die Erkundung auf Erdöl- und Erdgaslager, die an lokale Erhebungen gebunden sind, durchgeführt.

Zu den Vorbereitungsarbeiten, die zur Entdeckung solcher Lagerstätten führen, gehören eine strukturgeologische Kartierung, die die an der Oberfläche aufgeschlossenen Strukturen im sedimentären Deckgebirge klärt, ferner Strukturkartierungsbohrungen, die eine Vorstellung von den Konturen der Schichten in geringer Tiefe geben, und die Geophysik, die in einigen Fällen direkt eine Kartierung der Tiefenstrukturen gestattet.

Als Ergebnis des Abbohrens lokaler Erhebungen wurden zahlreiche neue Erdöl- und Erdgaslagerstätten entdeckt. Trotz der Orientierung auf oberflächige oder in geringer Tiefe lagernde Strukturen wurden viele tiefe Strukturfallen für Erdöl gefunden.

Beim Abbohren der Strukturen, die an der Oberfläche festgestellt wurden, konnte außerdem beobachtet werden, daß der Strukturplan an der Oberfläche überhaupt nicht mit dem in der Tiefe übereinstimmt.

Diese Erscheinung wurde zuerst im Schugurowo-Gebiet (in der Tatarischen Autonomen Sowjetrepublik) bemerkt. Die Geologen konnten sich lange Zeit nicht an den Gedanken gewöhnen, daß in diesem Gebiet in der Tiefe keine Struktur im Devon vorhanden ist, sondern eine flache Monoklinale vorliegt. Dagegen bilden die permischen und karbonischen Schichten eine klare Falte mit einer Amplitude bis zu hundert Metern.

In diesem Zusammenhang wurden Vorstellungen über eine Verschiebung des Gewölbescheitels der Schugurowo-Struktur entwickelt, aber die anschließenden Bohrungen zeigten, daß auch hier die Strukturformen vollständig voneinander abweichen. Später wurde festgestellt, daß solche Strukturen, wie die von Schugurowo, auf Tafelgebieten weit verbreitet sind.

Heute sind zahlreiche Gebiete bekannt, wo deutlich ausgebildete Strukturen im Perm und Karbon keine Bestätigung in devonischen Schichten finden.

Für die Überprüfung der tiefen Strukturen und für eine genauere Orientierung der tieferen Erkundungsbohrungen werden in letzter Zeit in einigen Gebieten auch tiefere Strukturbohrungen und seismische Arbeiten durchgeführt. Unabhängig davon, daß diese Strukturpläne also nicht übereinstimmen (Fehlen der Strukturen in der Tiefe im Gegensatz zu den höheren Schichten mit mehr oder weniger deutlichen lokalen Erhebungen), gibt es auch überdeckte Strukturen, die sich in ihrem Deckgebirge nicht widerspiegeln.

Bis jetzt wurden überdeckte Strukturen auf der Plattform nur in einzelnen Gebieten festgestellt, aber sie sind als potentielle Fallen für Erdöl und Erdgas äußerst interessant.

Überdeckte Strukturen haben zweifellos größere Verbreitung, als man zur Zeit annimmt. Auch die Tatsache, daß nur wenige bekannt sind, zeugt lediglich von einer geringeren Erforschung des einen oder anderen Gebietes, aber auch von Mängeln in der Methodik der Erkundung. Bekannt sind die Erfahrungen der Geologen in Baschkirien bei der Suche nach überdeckten Riffmassiven. Leider kann man das gleiche nicht über die Methodik der Suche nach überdeckten Tafelstrukturen sagen, denn die Erkundungsgeologen haben keine zuverlässigen Kriterien für die Feststellung überdeckter Strukturen zur Verfügung.

Außer der geophysikalischen Untersuchung und den tiefen Strukturbohrungen spielen bei der Erkundung überdeckter Strukturen die richtige Bearbeitung und Auswertung der Resultate der tiefen Erkundungsbohrungen eine große Rolle. So kann das sorgfältige Studium des Materials der tiefen Erkundungsbohrungen gestatten, Voraussagen über überdeckte Strukturen zu machen. Auf diese Weise wurde in den Jahren 1950 bis 1951 durch tiefe Erkundungsbohrungen in Tscheremschan und Nowo-Ibraikin in Tatarien festgestellt, daß sich die permischen und karbonischen Strukturformen im Devon nicht wiederholen. Wenn im Perm und Karbon hier einige positive Strukturen beobachtet wurden, so stellen die devonischen Leithorizonte eine gleichmäßige monoklinale Heraushebung von SW nach NE in Richtung zur Romaschkino-Erhebung dar.

Um die Perspektiven des Gebietes und die Zweckmäßigkeit der weiteren Bohrungen auf der ansteigenden Monoklinale zu bestimmen, wurde eine Strukturübersichtskarte angefertigt. Diese Karte zeigte im Gegensatz zu früheren Auffassungen, daß die Monoklinale keinen gleichmäßigen Anstieg nach Nordosten darstellt.

Bei der Parallelisierung mit den Bohrungen von Romaschkino wurde eine Zone der Verflachung der Monoklinale festgestellt, die nach Osten durch einen scharfen Anstieg und nach Westen durch ein ziemlich steiles Abfallen der Schichten begrenzt wird (Abb. 1).

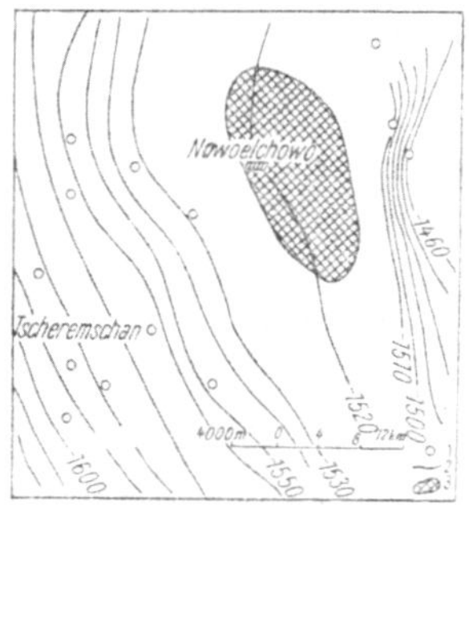

Abb. 1. Vermutete überdeckte devonische Struktur im Gebiet Nowoelchowo (1952)

1 — durchgeführte Bohrungen, 2 — Isolinien der Oberkante der Paschisker Schichten, 3 — vermutete überdeckte Struktur

[1]) Aus „Geologija nefti i gasa", Nr. 1, 1959. Übers.: DÖRNFELD

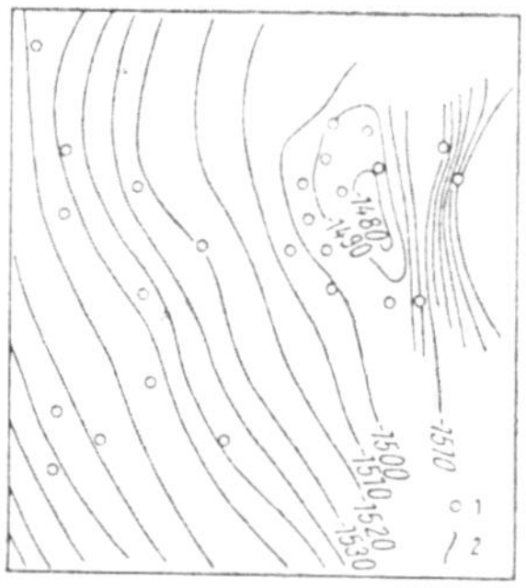

Abb. 2. Strukturkarte der Erhebung von Nowoelchowo (1957)

1 – durchgeführte Bohrungen, 2 – Isolinien der Oberkante der Paschisker Schichten

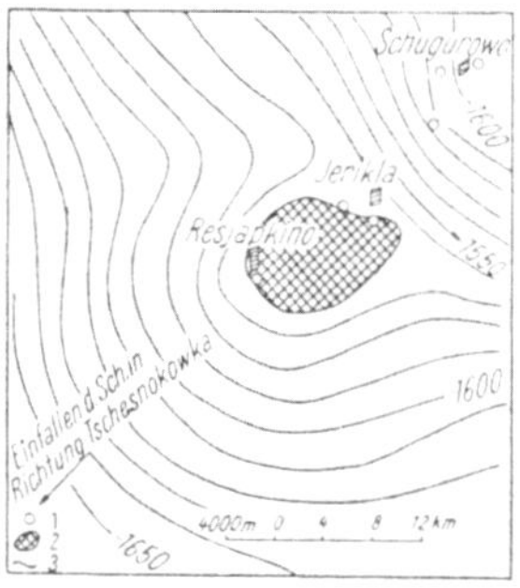

Abb. 3. Vermutete überdeckte Struktur auf einem monoklinalen Flügel im Gebiet Oikino-Altunino

1 – Bohrungen, welche die Paschisker Schichten erreichten, 2 – vermutete überdeckte Struktur, 3 – Isolinien der Oberkante der Paschisker Schichten

Während im östlichen Teil des untersuchten Territoriums das Einfallen der Paschisker Schichten 25 m auf 1 km, im westlichen Teil 5 m auf 1 km erreicht, so beträgt es in der Zone des Verflachens der Monoklinale 1,5 m auf 1 km. In anderen Teilen der Monoklinale ist das Einfallen der Schichten nicht geringer als 5 m auf 1 km.

Das war der Grund zu der Annahme, daß die Verflachung der Monoklinale durch eine überdeckte Struktur der Paschisker Schichten bedingt ist, die einen störenden Faktor darstellen könnte.

Die im Gebiet Nowoelchowo angesetzten Bohrungen bestätigten diese Prognose und führten zur Entdeckung einer neuen großen Erdöllagerstätte im Devon (Abb. 2). Diese Lagerstätte ist an eine Struktur gebunden, die keine erkennbare Abbildung in den höheren Horizonten findet. Deshalb verdienen die Teile einer Monoklinale, in denen ein ungleichmäßiger Wechsel im Einfallen der Schichten zu beobachten ist, ein bestimmtes Interesse bei der Suche nach überdeckten Strukturen.

Die Analyse des vorhandenen Materials gestattet schon jetzt, einige Gebiete auszusondern, in denen mit Erkundungsarbeiten auf ähnliche erdölhöffige Strukturen begonnen werden kann.

Im besonderen wurden in Oikino-Altunino im Grenzgebiet zwischen Tatarien und dem Kuibyschewer Gebiet vor einiger Zeit mehrere Tiefbohrungen niedergebracht, die ergaben, daß auch hier die Strukturpläne im Perm und Karbon mit denen im Devon überhaupt nicht übereinstimmen. Zugleich geben diese Bohrungen Anlaß, in diesem Gebiet überdeckte devonische Strukturen zu vermuten. Innerhalb eines Gebietes generell monoklinaler Lagerung findet sich hier eine starke Verflachung der Paschisker Schichten, die offenbar durch eine überdeckte devonische Struktur bedingt ist (Abb. 3).

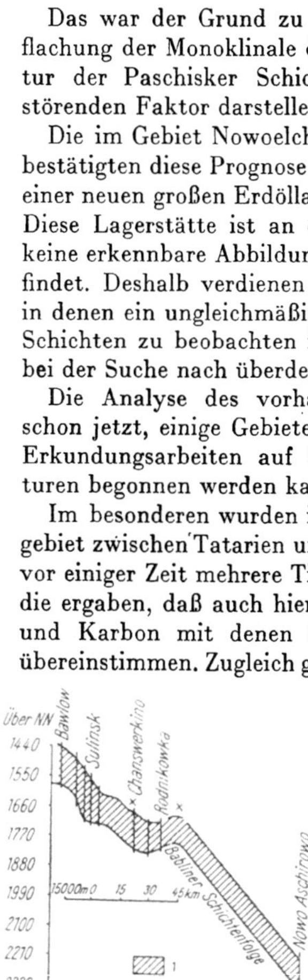

Abb. 4. Lagerungsverhältnisse der terrigenen Folge des Devons auf der südlichen Flanke des Tatarischen Gewölbes zwischen Bawlow und Aschirowo

1 – terrigene Ablagerungen des Devons, 2 – vermutete lokale Struktur

Eine solche anomale Lagerung der Paschisker Schichten innerhalb einer generellen Monoklinale wird auch westlich Kutemi in Tatarien und in einigen anderen Gebieten festgestellt.

Objekte erster Ordnung für die Tiefenerkundung zum Nachweis überdeckter Strukturen sind die Teile der Monoklinale, in denen ein Schichteinfallen entgegengesetzt zu dem generellen Einfallen der Monoklinale festgestellt wird. Ein solcher Fall wurde unlängst im Norden des Orenburger Gebietes in der Gegend von Petrowka-Rodnikowka gefunden (Abb. 4).

Wie bekannt, verflachen die terrigenen Ablagerungen des Devons von Bawlowy nach Süden zum Großen Kinel allgemein mit einer Amplitude von 800 bis 1000 m, d. h., das Einfallen beträgt 6 bis 8 m auf 1 km.

Die Bohrungen, die im tatarischen Teil dieses monoklinalen Abfalles durchgeführt wurden, zeigen ein äußerst ungleichmäßiges Einfallen der Schichten nach Süden. Klar ausgeprägte steile Hänge wechseln mit flacheren. Aber im Norden des Orenburger Gebietes, in der Gegend des Dorfes Rodnikowka, steigen die Leithorizonte der Givetstufe und die Oberkante der Bawliner Schichtenfolge in südlicher Richtung an. Ein lokaler Anstieg der Schichten in Richtung einer allgemeinen monoklinalen Einsenkung deutet auf eine lokale überdeckte Struktur. Es ist möglich, daß die Lage der überdeckten Struktur

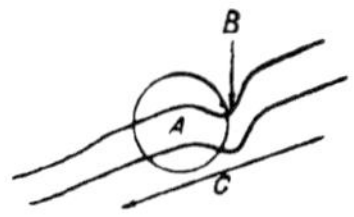

Abb. 5. Bildungsschema überdeckter Strukturen auf dem Westflügel des Tatarischen Gewölbes

bei Rodnikowka nicht genau der Abb. 4 entspricht. Zweifellos existiert aber eine solche Struktur, und die Aufgabe besteht jetzt darin, in kürzester Zeit das Erdöllager, das mit ihr verbunden sein dürfte, zu erkunden.

In Tatarien wurden durch die Bohrarbeiten der letzten Jahre große Erdöllager in den Paschisker und Kinower Schichten des Devons außerhalb der Erdöllagerstätte von Romaschkino nachgewiesen. Sie liegen auf dem westlichen monoklinalen Flügel des Tatarischen Gewölbes im Bereich einer generellen regionalen Neigung der terrigenen Ablagerungen des Devons.

Der Wasser/Erdöl-Kontakt dieser Lager liegt 30 bis 40 m tiefer als in dem Lager von Romaschkino. Die Strukturen selbst sind von der Struktur Romaschkino durch einen engen Trog getrennt, der sich nur in den terrigenen Sedimenten des Devons verfolgen läßt. Dieser Trog wird vollständig durch Zunahme der Mächtigkeiten der Schugurower Schichten kompensiert und ist daher in den höheren Horizonten nicht mehr nachzuweisen.

Solche Lager nennen wir Lager der Stufe II hinsichtlich ihrer stufenartigen Lage zu Romaschkino und Minnibajewo. Sie sind faktisch auch an überdeckte Strukturen gebunden. Diese Strukturen (A, Abb. 5) unterscheiden sich wesentlich von den gewöhnlichen lokalen Erhebungen. Ihre Bildung wurde durch einen alten Trog (B) und durch allgemeine regionale Bewegungen beeinflußt, die zu einem monoklinalen Absinken des Westflügels des Tatarischen Gewölbes führten. Es gab hier keine Bewegungen, die direkt die Struktur A bildeten, sondern alte Bewegungen, die zu einem Durchbiegen der Schichten in der Zone B führten, und jüngere, die die allgemeine regionale Neigung C des gesamten Territoriums hervorriefen.

Somit haben die überdeckten Strukturen, die an die Erdöllager der Stufe II gebunden sind und die auf einer

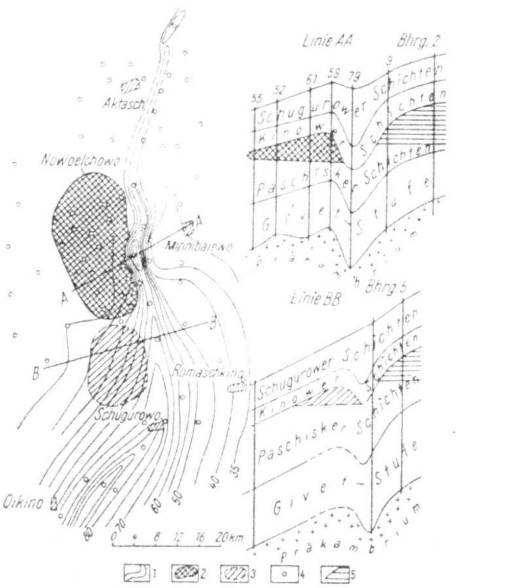

Abb. 6. Schema der Isopachen des Schugurowo-Horizontes und schematische Profile durch festgestellte und vermutete Lager der Stufe II

1 — Isopachen des Schugurowo-Horizontes, 2 — festgestellte Erdöllager der Stufe II in den Paschisker Schichten, 3 — vermutete Erdöllager der Stufe II in den Paschisker Schichten, 4 — durchgeführte Bohrungen, 5 — Erdöllager der Stufe I in den Paschisker Schichten

breiten Monoklinale liegen, eine enge Verbindung mit alten Senken und sind diesen direkt zugeordnet.

Wie schon erwähnt, werden diese Senken nur durch die Leithorizonte der terrigenen Schichtenfolge des Devons und durch das Relief des kristallinen Fundamentes dargestellt. Die Mächtigkeiten der Kinower und Paschisker Schichten und die der Givetstufe sind in der Senkungszone und in den angrenzenden Teilen gleich.

Nur die Mächtigkeit der Schugurower Schichten erhöht sich hier bedeutend (Abb. 6). Das führt zu einer fast vollkommenen Einebnung der alten Senke, die in den Schichten der mittleren Frasnestufe und der Famennestufe des Devons wie auch in den Horizonten des Karbons und Perms nicht mehr festgestellt werden kann.

So liegen die überdeckten Strukturen, die Erdöllager der Stufe II enthalten, westlich einer alten Senke, die durch eine starke Zunahme der Mächtigkeit der Schugurower Schichten im Verhältnis zu den angrenzenden Gebieten charakterisiert wird (siehe Profile, Abb. 6). Wenn man also den Charakter der Verteilung der Mächtigkeiten der Schugurower Schichten kennt, kann man die Erkundung auf den Aufschluß neuer Erdöllager der Stufe II ausrichten. Überdeckte Strukturen muß man also westlich der Zone größter Mächtigkeiten der Schugurower Schichten erwarten. Dabei ist Voraussetzung, daß das Streichen der Zone größter Mächtigkeiten mit dem allgemeinen Streichen der Monoklinale zusammenfällt.

Abb. 6 zeigt die Isopachen der Schugurower Schichten in einigen Gebieten Tatariens und einiger Teile, die für die Durchführung der Erkundungsarbeiten zum Aufschluß neuer überdeckter Strukturen und Erdöllager der Stufe II günstig erscheinen.

Viele Betriebe der Volkswirtschaft führen umfangreiche Erkundungsarbeiten auf den monoklinalen Flügeln großer Tafelstrukturen erster Ordnung durch (Tatarisches, Orenburger, Baschkirisches, Schigulow-Pugatschower Gewölbe), wo reale Voraussetzungen für den Aufschluß von Erdöllagern nicht nur in gewöhnlichen, sondern auch in überdeckten Strukturen vorhanden sind.

Zusammenfassung

Bei Erkundungsarbeiten im Wolga-Ural-Gebiet wurde festgestellt, daß der Strukturplan des Deckgebirges nicht mit den tiefen Strukturen, die Erdöl- und Erdgaslagerstätten enthalten, übereinstimmt. Daher müssen die geophysikalischen Untersuchungen und die Tiefbohrungen auf die Erkundung überdeckter Strukturen ausgerichtet werden. Außerdem können überdeckte Strukturen auch mit Hilfe einer eingehenden Analyse der vorhandenen Erkundungsergebnisse erkannt werden und durch Abbohren: a) der Zonen anomalen Einfallens der Monoklinale, b) der Gebiete mit entgegengesetztem Einfallen innerhalb der generellen monoklinalen Neigung, c) der Gebiete, die an alte Senken anschließen.

Резюме

При разведочных работах в Волго-Уральской области оказалось, что структурный план кровли не соответствует глубоким структурам, содержащим месторождения нефти и газа. Поэтому приходится направлять геофизические исследования и глубокое бурение на разведку погребенных структур. Кроме того, погребенные структуры можно установить при помощи точного анализа имеющихся результатов разведки и бурением: а) в зонах аномального падения моноклинали, б) в областях с противоположным падением внутри общего моноклинального наклона, в) в областях, примыкающих к старым впадинам.

Summary

Reconnaissance works in the Volga-Ural region have shown that the structural scheme of the overlying rocks disagrees with that of deeper structures bearing petroleum and natural gas. As a result geophysical investigations and deep wells must be adapted to the reconnaissance of covered structures. In addition covered structures are also recognizable by means of a detailed analysis of reconnaissance results available and inside pool drilling of a) anomalously dipping zones of the monocline, b) opposite dipping areas within the general monoclinal inclination, c) areas adjacent to former depressions.

Paläotektonische Kriterien für die stratigraphische Gliederung sedimentärer Schichtenfolgen in Tafelgebieten

W. B. NEUMAN, Moskau

Die Frage der stratigraphischen Gliederung sedimentärer Schichtenfolgen gehört zu den wichtigsten beim Studium der Geologie eines Gebietes. Sie wird jedoch im allgemeinen ohne eine paläotektonische Analyse entschieden. Die Ablagerung der Schichten erfolgt aber, wie bekannt, unter starkem Einfluß des Faktors Tektonik. Ziel dieses Artikels ist es, am Beispiel der Gebiete des Kaukasusvorlandes einige paläotektonische Kriterien der stratigraphischen Gliederung zu liefern.

1. Eine Analyse der meso- und känozoischen Ablagerungen dieses Gebietes führt zu dem Schluß, daß hier in paläotektonischer Hinsicht zwei Typen von Schichtenpaketen unterschieden werden können, und zwar Wechsellagerungspakete, die durch differenzierte Widerstands- und Eigenpotential-Kurven charakterisiert werden, und einförmige tonige Pakete, die durch einen sich wenig ändernden, kleinen Wert des Widerstandes, jedoch durch ein größeres, leicht schwankendes Eigenpotential charakterisiert werden.

Der erste Typ von Schichtenpaketen kann aus Kalksteinen (u. a. Lumachellen), Sandsteinen, Tonen, Mergeln usw. zu verschiedenen Anteilen, je nach den am betreffenden Ort herrschenden faziellen Bedingungen, bestehen. Die lithologischen Hauptabarten der genannten Schichtenpakete wurden, nach dem Gesteinscharakter zu urteilen, in geringen Tiefen, bis etwa 50 m, in der Zone aktiver Welleneinwirkung abgelagert. Das spiegelt sich in einer relativen Grobkörnigkeit des Materials und in seiner schlechten Klassierung wider. Außerdem macht sich die geringe Tiefe auch in einer häufigen Wechsellagerung der Schichten in der Vertikalen bemerkbar; d. h., unter den gegebenen Bedingungen führt schon eine geringe Tiefenänderung zu einer Änderung des faziellen Habitus.

Die einförmigen tonigen Schichtenpakete bestehen aus sich in der Vertikalen wenig verändernden tonigen Ablagerungen[1]), die nur an manchen Stellen häufig sandige Zwischenlagen aufweisen. Entsprechend der faziellen Eigenart des Gebietes enthalten die Tone bald Sand, bald karbonatische Beimengungen, wobei sie in letzterem Fall mitunter den Charakter von Mergeln annehmen. Jedoch behalten sie bei der elektrischen Bohrlochmessung die Kennzeichen von „Ton". Dabei ist das tonige Material in allen Fällen fein abgeschlämmt.

Es ist klar, daß sich die einförmigen tonigen Schichtenpakete, die im Kaukasusvorland manchmal Mächtigkeiten von einigen Hunderten von Metern erreichen, nicht in Zonen einer aktiven Welleneinwirkung ablagern konnten, sondern nur außerhalb dieser Zonen in größerer Wassertiefe, in der die Welleneinwirkung schon nicht mehr stark genug war, um merkliche Spuren in den strukturellen und texturellen Eigenarten der Schichten zu hinterlassen. Eine geringe Tiefenänderung wirkt sich nicht mehr wesentlich auf die Fazies aus. Geht man von den Eigenschaften der heutigen Meere aus, so kann man die Ablagerungstiefe dieser Schichtenpakete bei etwa hundert Metern annehmen.

Die beiden Typen von Schichtenpaketen stellen ihrem Wesen nach zwei ganz verschiedene Formationen dar. Die Entstehung einer jeden von ihnen ist auf einen Komplex spezifischer Bedingungen zurückzuführen. Am wichtigsten dabei sind zweifellos die paläotektonischen Verhältnisse der Bildungsetappe, insbesondere die Eigentümlichkeit des Undationsvorganges.

Um die obige Überlegung deutlich zu machen, muß man sich der Charakteristik von Tafelprofilen zuwenden. Bei deren Untersuchung stellt man fest, daß die Grenzen zwischen den Schichtenpaketen im allgemeinen scharf sind, während innerhalb jedes Schichtenpaketes keinerlei wesentliche Änderungen auftreten. Zusammen mit anderen Tatsachen unterstreicht dies den hier entscheidenden Anteil der endogenen Bedingungen, da der sich durch Unbeständigkeit auszeichnende exogene Faktor so beständige Merkmale der in einem langen Zeitraum entstandenen Schichten nicht hätte schaffen und auch nicht zu einer so scharfen, eine gewisse Zeit lang nicht umkehrbaren Änderung der Verhältnisse, wie sie an der Grenze der Schichtenpakete festzustellen ist, hätte führen können.

In jedem Fall sind die angeführten zwei Formationstypen derart stark verschieden voneinander, daß ein Übergang zwischen ihnen im Raum äußerst selten ist und unter den Verhältnissen des Meso- und Känozoikums des Kaukasusvorlandes — von einzelnen Ausnahmen abgesehen — nicht auftritt. Dem widersprechende Angaben sind gewöhnlich eine Folge abweichender Untergliederungen.

Es ist somit klar, daß sowohl die Wechsellagerungspakete als auch die einförmigen tonigen Pakete einen bestimmten stratigraphischen Umfang haben, der ohne Veränderung über große Flächen aushält. Anscheinend widersprechen dem einige stratigraphische Daten, die auf ein sogenanntes Gleiten der stratigraphischen Grenzen in bezug auf die Grenzen der Schichtenpakete hindeuten könnten. Dieses „Gleiten" dürfte jedoch keine objektiv bewiesene Tatsache, sondern eine Folge der erwähnten Nichtübereinstimmung der stratigraphischen Untergliederungen der Schichtenfolgen in den verschiedenen Gebieten sein, was mit der Bedingtheit einer ganzen Reihe von Grenzen — im Zusammenhang mit ungenügender Belegung dieser Grenzen durch Fossilien in einer Reihe von Bohrungen und Ausbissen — verbunden ist. Eine Analyse des umfangreichen Bohrmaterials im Kaukasusvorland und in den angrenzenden Gebieten gestattet die Behauptung, daß in Fällen, in denen die stratigraphische Gliederung der Schichten zuverlässig ist, die Grenzen der Schichtenpakete (genauer — deren Unterflächen) auf eine Entfernung von vielen Hunderten von Kilometern übereinstimmen werden. Eine solche Grenze ist z. B. die Unterfläche des Santon (das gewöhnlich aus Kalksteinen besteht), die auf den Ablagerungen des Cenoman-Coniac liegt oder — im Falle diskordanter Auflagerung des Santon — auf dem einförmigen tonigen Schichtenpaket des Alb (Gault). Analoge Grenzen, die scharf und faunistisch gut belegt sind, treten auch weiter oben und unten im Profil auf: die Grenze zwischen unterem und mittlerem Alb (M. S. BURSCHTAR, W. D. ILJIN & W. B. NEUMAN 1959), zwischen Paläozän und Eozän usw.

Bei einer Prüfung ergibt sich somit, daß auch tatsächlich jedes Schichtenpaket seine selbständige stratigraphische Bedeutung hat.

Die aufgestellte Behauptung auf die Gliederung der Schichten angewendet, kann diese bedeutend erleichtern. Denn sofern die Schichtenpakete gleichzeitig auch stratigraphische Serien darstellen, gibt die Klärung ihres Alters an nur einer einzigen Stelle die Möglichkeit, ihr Alter an anderen Stellen zu bestimmen, ohne daß man zusätzliche faunistische Bestimmungen in jedem neuen Abschnitt durchführen muß.

In der Praxis ist diese Frage natürlich nicht so einfach, da ja nicht alle Schichtenpakete überall entwickelt sind. In bestimmten Gebieten kommt es vielmehr zu einem Auskeilen einer ganzen Reihe von Schichten; andere Schichten dagegen nehmen stark an Mächtigkeit zu oder erscheinen neu. Folglich müssen für die vorgeschlagene Analyse zunächst die Gesetzmäßigkeiten der räumlichen Verteilung der Schichtenpakete im betreffenden Gebiet erkannt werden, die sich natürlich in jeder Zone stark voneinander unterscheiden können. Trotzdem gibt es eine allgemeine Eigenschaft, von der ausgehend man die übrigen Gesetzmäßigkeiten ableiten kann. Und zwar gibt es in bestimmten stratigraphischen Niveaus große Diskordanzen, so daß es manchmal zu einem Ausfallen ganzer Schichtserien kommt. Deshalb kann man, nachdem man zunächst die Hauptlücken und dann auch die zweitrangigen bestimmt hat, klären, welche Sedimentserien gerade ausfallen.

[1]) In ausgesprochen seltenen Fällen treten hier einförmige sandige Schichtenfolgen auf.

Eine Folge dieses Vorganges ist: Wenn das gegebene Schichtenpaket nur teilweise erhalten geblieben ist, so erfolgte das nicht durch Verschwinden seines unteren Teiles, sondern durch Abtragen des oberen. Aus diesem Grunde muß der Vergleich mit der Basis der diskordant auflagernden Schichten beginnen, weil gerade die Basisschichten im allgemeinen vergleichbar sind.

Bei der stratigraphischen Analyse sind also in erster Linie die konkreten Gesetzmäßigkeiten der wechselseitigen räumlichen Beziehung der Schichtenpakete in der gegebenen Zone zu klären. Bei ihrer Altersbestimmung müssen natürlich alle faunistischen und lithologischen Angaben berücksichtigt werden. Bei der Aufteilung in Schichtenpakete müssen auch die Analyse der Diagramme der elektrischen Bohrlochmessungen, ohne die ein klares Verständnis des Charakters des Profiles undenkbar ist, sowie die Ergebnisse der seismischen Profile verwendet werden. Dabei ist zu beachten, daß beim Vergleich der Bohrlochmeßdiagramme subjektive Fehler möglich sind, die bei den seismischen Profilen, zumindest wenn es darum geht, die Identität der Schichtenpakete innerhalb jedes einzelnen Profiles festzustellen, nicht oder fast nicht auftreten.

2. Wie bekannt, besteht eine der Besonderheiten bei der Entwicklung der Tafeln in dem allmählichen Wechsel der tektonischen Tendenzen in der Zeit und besonders im Raume. Damit ist gewöhnlich eine Unschärfe der tektonischen Formen der Tafeln verbunden. Es ist interessant, von einer gegebenen Position aus zu verfolgen, wie dies im Verhältnis der Mächtigkeiten der einzelnen Schichtenpakete zum Ausdruck kommt, wenn man dabei beachtet, daß die Gesteinsmächtigkeit hauptsächlich durch vertikale tektonische Bewegungen bedingt ist.

Es soll ein typischer Fall der Veränderungen der tektonischen Bewegungen analysiert werden. Es sei angenommen, daß in einem Punkt die Einsenkung stärker (Pkt. 1 in Abb. 1), in einem zweiten Punkt (Pkt. 2) jedoch schwächer war. Ferner sei angenommen, daß die Tendenzen sich in der Folge entgegengesetzt änderten. Bei den Mächtigkeiten kommt dies auf folgende Weise zum Ausdruck (Abb. 1): Zunächst (Schicht „a") wird die Mächtigkeit im Punkt 1 wesentlich größer sein als im Punkt 2. In der folgenden Etappe (Schicht „b") verringert sich der Unterschied in den Mächtigkeiten der Punkte 1 und 2 etwas, dann gleichen sich die Mächtigkeiten in den Punkten 1 und 2 aus (Schicht „c"). In den nächsten Etappen wachsen nacheinander die Mächtigkeiten im Punkt 2 im Vergleich zum Punkt 1 an (Schichten „d" und „e"). Auf eben diese Weise erfolgt über

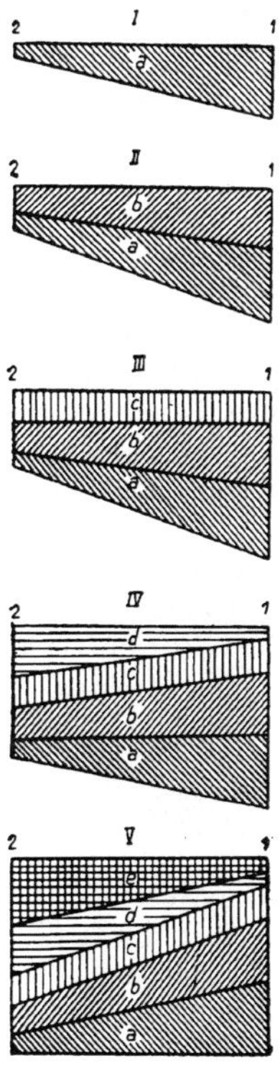

Abb. 1. Prozeß der Veränderung durch die tektonischen Bewegungen unter Tafelbedingungen

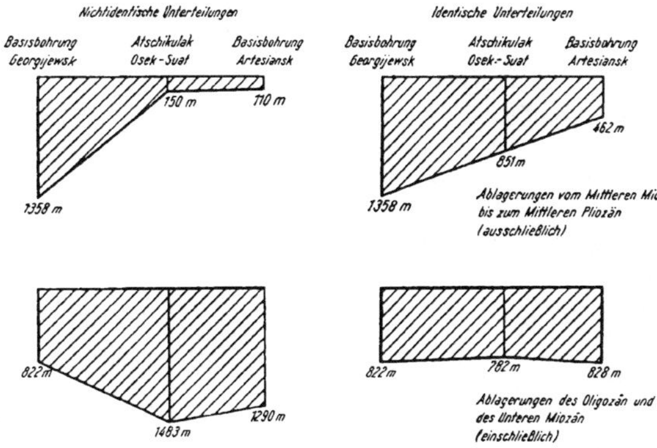

Abb. 2. Beispiel für nichtidentische stratigraphische Unterteilungen (Gebiete des östlichen Kaukasusvorlandes)

eine Reihe von Etappen — von denen sich jede in den Schichtenpaketen durch eine Mächtigkeit von Zehnern, ja manchmal Hunderten von Metern widerspiegelt — der Wechsel der tektonischen Tendenzen unter Tafelverhältnissen.

Daraus ergibt sich folgendes:

Wenn von zwei übereinanderliegenden Horizonten die Mächtigkeit des einen in einer bestimmten Richtung zunimmt, so erhöht sich die Mächtigkeit des anderen (höheren oder tieferen) Horizontes in der gleichen Richtung gewöhnlich auch oder verringert sich zumindest nicht.

Es muß erwähnt werden, daß die Mehrzahl der Schichtenpakete unter Tafelverhältnissen ihre Mächtigkeit im Raum nur sehr wenig ändert und daß die oben charakterisierten starken Änderungen nur für einzelne ziemlich enge Zeitabschnitte typisch sind. Dabei erfolgen diese Veränderungen im allgemeinen im Rahmen der aufgezeigten Gesetzmäßigkeit. Aus diesem Grunde müssen die manchmal beobachteten „nichtgesetzmäßigen" Verhältnisse von Schichtenpaketen Gegenstand einer solchen Analyse sein. Die Notwendigkeit einer solchen Analyse ist aus folgendem Beispiel ersichtlich:

In den Gebieten des östlichen Kaukasusvorlandes ist die Grenzziehung zwischen Tschokrak und Maikop (Mittel- und Untermiozän) kompliziert. Die übliche Angabe dieser Grenze stimmt nicht mit dem vorhandenen Untersuchungsmaterial überein (W. B. NEUMAN 1957). Tatsächlich muß besagte Grenze, mit Ausnahme der Basisbohrung Georgiew, in der sie durch Fossilien belegt ist, wesentlich tiefer liegen, als sie bis heute bei der gegenwärtigen stratigraphischen Gliederung gezogen wurde. So traten z. B. in der Basisbohrung Artesian (südlich von Astrachan) in einem Intervall, das fälschlicherweise als Maikop angesehen wurde, Formen auf, die offensichtlich auf ein Tschokrak-Alter der Schichtenfolgen hinweisen: *Miliolina akneriana* (ORB.), *Nonion punctatus* (ORB.), *N. granosus* ORB. var. *parvus* BOGD., *Bolivina tarchanensis* SUBB. & SCHUTZ. und andere[2]). Eine solche Nichtidentität der Grenzziehung bei der Gegenüberstellung der Profile der Bohrung Georgiew mit anderen Bohrungen der Terek-Kuma-Depression ist ebenfalls ganz offensichtlich, wenn man die entsprechenden Mächtigkeiten der Horizonte in Form von paläotektonischen Profilen darstellt (Abb. 2). Aus der Abbildung (Abb. 2, links) ist klar zu ersehen, daß sich im Gebiet von Artesian, Atschikulak und Osek-Suat die Mächtigkeiten

[2]) Bestimmungen von A. K. BOGDANOWITSCH & P. I. IWACHNENKO (1950 bis 1953, Grosny)

des Tschokrak äußerst stark verringern, während die Mächtigkeiten der darunter liegenden Ablagerungen des Maikop sich dagegen stark vergrößern. Es ist auch zu erkennen, daß das letztere Schichtenpaket auf Kosten des ersteren „anschwillt". Ein anderes Bild ergibt sich bei einer richtigen, identischen Unterteilung der Schichten (Abb. 2, rechts). Dieser Fall stimmt vollkommen mit der oben angeführten These über die Gesetzmäßigkeiten der Verhältnisse benachbarter Schichtenpakete (2.) überein. Der rechte Teil der Abbildung, der einer identischen Unterteilung entspricht, bestätigt diese These.

Zusammenfassung

Für die stratigraphische Gliederung sedimentärer Schichtenfolgen ist eine paläotektonische Analyse wichtig. Der Autor schildert nun am Beispiel der meso- und känozoischen Ablagerungen des Kaukasusvorlandes einige paläotektonische Kriterien.

Резюме

Для стратиграфического расчленения осадочных свит большое значение имеет палеотектонический анализ. На примере мезозойских и кайнозойских отложений Предкавказья автор описывает некоторые палеотектонические критерии.

Summary

A paleotectonic analysis is important to the stratigraphical classification of sedimentary strata. The example of Mesozoic and Cainozoic sediments of the Caucasian Foreland is given by the author to describe some paleotectonic criteria.

Literatur

BJELOUSSOW W. W.: Die Mächtigkeit der Ablagerungen als Ausdruck des Regimes der Undationsbewegungen der Erdrinde. — Sowjetskaja Geologija, 2–3, 1940.

BRUNS, E. P.: Analyse des Rhythmus im Aufbau sedimentärer Schichtenfolgen. — Methodische Anleitung für die geologische Aufnahme, Gosgeolisdat, Moskau 1934.

BURSCHTAR, M. S., W. D. ILJIN & W. B. NEUMAN: Über die regionale Erdöl- und Gashöffigkeit des unteren Alb der südlichen Gebiete der UdSSR. — Geologija Nefti i Gasa, Nr. 6. 1959.

CHAIN, W. E.: Geotektonische Grundlagen der Erdöl-Sucharbeiten. — Asnefteisdat, Baku 1954.

NALIWKIN, D. W.: Die Lehre von den Fazies, Band I. — Akad. Wiss. UdSSR, Moskau 1956.

NEUMAN, W. B.: Über die stratigraphische Gliederung der Ablagerungen des Oligozäns, des unteren und des mittleren Miozäns innerhalb der Terek-Kuma-Depression. — DAN, Bd. 117, Nr. 4 (1957).

Anmerkung: In den Arbeiten von D. W. NALIWKIN und W. E. CHAIN ist eine umfangreiche Bibliographie über die rhythmo-stratigraphische Analyse enthalten.

Vergleich der geologischen Erkundungsergebnisse mit den Abbauergebnissen von Lagerstätten[1)]

A. P. PROKOFJEW

Die richtige Erkundungsmethodik, die vorgesehene Dichte der Erkundungsaufschlüsse für die eine oder andere Klasse von Vorräten, die Genauigkeit der Vorratsberechnung, die auf den Resultaten der geologischen Erkundung beruhenden Vorstellungen von der Form und Struktur der Erzkörper sowie von der Verteilung der nutzbaren Komponenten können nur durch die tatsächlichen Abbauergebnisse der Lagerstätten überprüft werden. Alle übrigen Kontrollarten (Verdichtung des Erkundungsnetzes, Ersetzen der Bohrlöcher durch bergmännische Aufschlüsse u. a.) sind nur unvollständig und können die Abbauergebnisse nicht völlig ersetzen. Ein Vergleich der geologischen Erkundungsergebnisse mit den Abbauergebnissen der Lagerstätten hat daher eine grundlegende praktische Bedeutung. Dieser Kontrollmöglichkeit wird jedoch häufig nur ungenügende Aufmerksamkeit gewidmet, und eine statistische Erfassung der Fördermengen ist in vielen Erzbergwerken noch schlecht organisiert. So fehlten von den meisten produzierenden Lagerstätten, deren Vorräte von der Staatlichen Vorratskommission (GKS) im Jahre 1957 geprüft wurden, vollständige Unterlagen. In den Berichten über einige Zinnerzlagerstätten der Sowjetunion sind z. B. ungeachtet des bedeutenden Umfanges der Förderarbeiten keine Vergleichsunterlagen enthalten.

In der Antonowogorsker Wolframlagerstätte erfolgte bis zum Jahre 1955 ebenfalls keine systematische Erfassung des abgebauten Erzes nach Blöcken und einzelnen Erzkörpern. Ungeachtet der besonderen Empfehlungen der Zentralen Vorratskommission (WKS) wurde die Erkundung der Beluchinsker Wolframlagerstätte und der Kupfererzlagerstätte von Dsheskasgan nicht durch die Förderarbeiten kontrolliert. Obwohl im Jahre 1957 von der Staatlichen Vorratskommission viele Organisationen um Übersendung der Unterlagen für den Vergleich der Erkundungsergebnisse mit denen des Abbaus gebeten wurden, bekam man nur Auskunft über zwölf Lagerstätten. Die erhaltenen Unterlagen zeigen, daß bei manchen Lagerstätten große Unterschiede zwischen den erkundeten Vorräten und den Fördermengen vorhanden sind, was die Aufmerksamkeit der geologischen Erkundungsorganisationen auf sich ziehen muß. So gibt es im Sichote-Alin-Kombinat bedeutende Abweichungen in den ermittelten spezifischen Gewichten; im Turjinsker Bergwerk stimmen die tatsächlichen, beim Abbau festgestellten Grenzen der Erzkörper nicht mit den bei der Erkundung angenommenen überein; in vielen Fällen weichen die Ergebnisse der Abbau- und der Handelserzbemusterung stark voneinander ab.

Leider fehlen in den vorgelegten Unterlagen gewöhnlich die Ursachen für die Unterschiede zwischen den Erkundungs- und den Abbauergebnissen. Weiterhin zeichnen sie sich durch eine unterschiedliche Einstellung der Bearbeiter zu den Vergleichen aus und erweisen sich somit als unvergleichbar. Oft fehlen also Schlußfolgerungen, die zur Verbesserung der Erkundungsarbeiten bei gleichen oder ähnlichen Lagerstätten ausgewertet werden können. In dem vorliegenden Beitrag werden nun einige der von den geologischen Erkundungsorganisationen an die Staatliche Vorratskommission eingereichten Berichte auf ihre Fehler untersucht, damit diese vom geologischen Grubendienst, vor allem bei der Berechnung der Vorräte, vermieden werden können.

In der Schamlugsker Kupferlagerstätte wurden für den Gang Nr. 5 die Abbauergebnisse mit den Erkundungsergebnissen — für alle Vorräte der Klassen $B + C_1$ — verglichen.

Auf Grund der Addition der verschiedenen Vorratskategorien allein kann kein Urteil über die Richtigkeit der bei der Erkundung angenommenen Abstände zwischen den Aufschlüssen und folglich auch über die Zuverlässigkeit und Richtigkeit der Interpolation gefällt werden.

[1)] Aus: „Raswedka i ochrana nedr", H. 11, 1958, S. 25–28. Übersetzer: QUAST.

Außerdem zeigte (gemäß den erhaltenen Werten) „die Sohlenbemusterung der Abbaukammern keine wesentlichen Abweichungen von den für die Vorratsberechnung benutzten Ergebnissen der Probenahme der Erkundungs- und Vorrichtungsarbeiten. Die bei der Kupferschmelzhütte von Alawerdi durchgeführte Handelserzbemusterung ergab jedoch stets zu niedrige Ergebnisse an Kupfergehalt. Der Kupfergehalt sank gegenüber den Ergebnissen der Sohlenbemusterung, weil der Gehalt der Handelserzbemusterung den Gutschriften der geförderten Kupfervorräte zu Grunde gelegt wurde."

Diese Angaben zeigen, daß die Ursachen für die Abweichungen zwischen Handels- und Abbauerzbemusterung nicht untersucht wurden und die Differenz gänzlich zu Lasten der Erkundungsergebnisse ging. Außerdem ist es möglich, daß in diesem Falle die Vertaubung nicht oder falsch berücksichtigt wurde. Ein Vergleich der Grenzen zwischen den berechneten und den tatsächlich abgebauten Blöcken wird in den Unterlagen nicht vorgenommen. Daher können die Vorstellungen der Erkundungsgeologen von der Form der Erzkörper nicht auf ihre Richtigkeit geprüft werden. Ähnliche Daten aus der genannten Lagerstätte gibt es über die Linse Nr. 5, die ebenfalls nach Berechnungsblöcken gegliedert ist.

Im ganzen gesehen, war für zehn Blöcke der Fehler bei der Ermittlung der Erzvorräte unbedeutend und betrug etwa 1%; bei der Ermittlung der Kupfervorräte betrugen die Abweichungen dafür aber ca. 16% bei einem Absinken des tatsächlichen Gehalts um ungefähr 15%. Man kann nur annehmen, daß der Hauptfehler in der Ermittlung der Gehalte liegt, für endgültige Begründungen reichen die Unterlagen jedoch nicht aus.

Ähnliche Daten wurden vom Dshidinsker Kombinat über die Choltosonsker Hübneritlagerstätte vorgelegt, deren Vorräte zuletzt im Jahre 1954 von der Staatlichen Vorratskommission bestätigt wurden. Die tatsächlichen Abbauergebnisse betragen im Vergleich zu den Ergebnissen der geologischen Erkundungsarbeiten für die einzelnen Gangkörper (in %):

Gang Nr.	Erz %	Metall %	Gang Nr.	Erz %	Metall %
3	91	106	47	89	109
3a	115	117	79	100	87
6	110	104	8a	93	106
21	65	68	83	102	141
26	119	141	102	64	76
26 bis	99	114	103	104	119
27	68	79	104	99	95
28	91	105	252	97	105
28 bis	130	139	253	81	82
30	91	108	255	120	93
42	83	82	Durchschnitt:	96	104

Aus diesen Angaben ist ersichtlich, daß von 21 Gängen zufriedenstellende Ergebnisse erzielt wurden, während aber bei einzelnen Gangkörpern bedeutende Abweichungen bis zu + 37% für Metall und — 32% für Erz zu verzeichnen sind. Leider sind in den vorgelegten Unterlagen die Vorratsklassen sowie das bei der Erkundung angenommene Netz der Aufschlüsse nicht angegeben, und die Ursachen der Abweichungen wurden ebenfalls nicht untersucht.

Interessante Ergebnisse liegen auch von der Rasdolninsker Antimonlagerstätte (Krasnojarsker Region) vor, wo die Vorräte von 23 Blöcken der Klassen A_2, B und C_1 getrennt verglichen wurden. In der Klasse C_1 erwiesen sich die Mächtigkeiten der Erzkörper und die Antimongehalte gegenüber den Ergebnissen der Erkundungsarbeiten um 2,5% (relativ) höher und die Metallvorräte infolge Verkleinerung der Vererzungszone, die 87,3% betrug, um 5,2% niedriger. In der Klasse A_2 waren die Mächtigkeit der Erzkörper um 13,5% höher und der Metallgehalt um 21,8% niedriger, die gesamten Metallvorräte aber nur um 5,5% niedriger. Folglich waren die Vorräte der Klasse C_1 genauer als die der Kategorie A_2. Für die einzelnen Blöcke reicht die Abweichung der tatsächlichen Werte von den Erkundungsergebnissen von + 56,5 bis — 33,9 in der Kategorie A_2 und von + 27,5 bis — 47,8 in der Kategorie C_1. Der Zusammenhang zwischen Abweichungen und Erkundungsnetz wurde nicht betrachtet.

Als Hauptursache für die krassen Abweichungen der einzelnen Festwerte sehen die örtlichen Bearbeiter die ungenügende Bemusterung der salbandnahen Gangteile während der Erkundung an, die eine den Anforderungen entsprechende, aber arme Vererzung aufweisen. Mächtigkeit und Vererzungszonen waren daher in Wirklichkeit groß, während der durchschnittliche Gehalt absank. Die zweite Ursache dafür, daß die Durchschnittsgehalte nicht erreicht wurden, ist ihrer Meinung nach die bei der Vorratsberechnung angewandte Methode des arithmetischen Mittels zur Berechnung der mittleren Mächtigkeiten und Gehalte. Diese Methode ergab höhere Resultate, weil sich die Proben in den angereicherten und mächtigsten Bereichen der Erzkörper häuften. Im vorliegenden Fall führte sie z. B. zu einer Erhöhung der Antimongehalte um ungefähr 10% (relativ).

Für das Kombinat „Sichali" (Region Primorje) wurden Vergleichswerte von der Erkundung und den Ergebnissen einer Sohlenbemusterung eingereicht, da Handelserzbemusterungen nicht durchgeführt werden. Verglichen wurden die einzelnen Erzkörper und Horizonte der Gruben ohne Angabe der Vorratsklassen. Die Grubengeologen nehmen nun an, daß neben dem Einfluß des spezifischen Gewichtes die angewendete Schlitzprobenahme und die falsche Erfassung der Greifproben die Hauptursachen für die Erhöhung der Gehalte bei der Erkundung sind. Für die Grube Sowjetskaja I erreicht die Erhöhung des Gehaltes an Blei 20%, an Zink 18%, für die Obere Grube entsprechend 5,9% und 15,3%, für die Grube Sowjetskaja II — 49,0 und 31,0%. Die relativ kleineren Abweichungen in der Oberen Grube erklärt man damit, daß hier bei der Erkundung die Bohrschlammprobenahme angewendet wird, die angeblich bessere Resultate ergibt.

Die für das Frolowsker Bergwerk der Turinsker Erzverwaltung (Gebiet Swerdlowsk) eingereichten Vergleichswerte für die Summe der Kategorien B + C_1 + C_2 zeigten, daß bei derben Sulfiderzen mehr Erz und damit mehr Kupfer gewonnen wurde, als auf Grund der Erkundungsergebnisse zu erwarten war. So betrug die tatsächliche Erzmenge im Verhältnis zu den auf Grund der Erkundungsergebnisse berechneten Vorräten für die einzelnen Blöcke 300, 296, 182, 325 und 160%, an Kupfer entsprechend 200, 200, 100, 186 und 146%. Nur für einen kleinen Block lagen die Erzvorräte bei 33%, die Kupfervorräte bei 20%. Im ganzen waren 186% Erz — 151% Kupfer — vorhanden. Diese Abweichungen werden im wesentlichen mit einer Veränderung des der Berechnung zugrunde gelegten Areals in Abhängigkeit von den Erkundungsnetzen und den Vorratsklassen erklärt. Die Fehler der Kategorien B und C_2 kann man wohl kaum gemeinsam prüfen.

Alle diese Angaben weisen auf die Notwendigkeit einer Vergrößerung des geologischen Grubendienstes, der Organisation einer vollständigeren und genaueren statistischen Erfassung der geförderten Erze sowie auf die Notwendigkeit einer Auswertung des über den Abbau der Lagerstätten vorhandenen Materials hin, wobei, falls erforderlich, die wissenschaftlichen Forschungsinstitute zu dieser Arbeit heranzuziehen sind. Die nächste Aufgabe muß die Ausarbeitung einheitlicher Grundsätze für die Erfassung der Fördermengen und die Ausarbeitung einer einheitlichen Vergleichs- und Untersuchungsmethodik der Ergebnisse der geologischen Erkundungsarbeiten mit den Ergebnissen des Lagerstättenabbaus sein. Eine richtige Organisation der Erfassung des Fördererzes sowie eine allseitige Analyse der Vergleiche von Abbau- und Erkundungsergebnissen werden die Möglichkeit geben, die Zuverlässigkeit der geologischen Erkundungsarbeiten zu erhöhen, ihre Qualität zu verbessern und häufig den Aufwand an Mitteln und Zeit zur Erkundung von Lagerstätten zu senken.

Zusammenfassung

Der Autor zeigt, daß ein Vergleich der Erkundungsergebnisse mit den Abbauergebnissen einer Lagerstätte von grundlegender Bedeutung ist. Durch eine Analyse der Ursachen für die auftretenden Unterschiede ist die Möglichkeit gegeben, die Zuverlässigkeit der Erkundungsarbeiten zu erhöhen und somit eine genauere Vorratsberechnung durchzuführen.

Резюме

В своей работе автор показывает основное значение сравнения данных геологоразведочных работ с данными эксплуатации месторождений. Анализ причин расхождения результатов разведки с результатами эксплуатации позволяет повысить надежность геологоразведочных работ и этим проводить более точный подсчет запасов.

Summary

A comparison of exploration results with those obtained by mining a deposit is shown by the author to be of fundamental importance. By analysing the causes resulting from differences between them, there is a possibility to increase the reliability of exploration works and, consequently, to carry out a more exact calculation of reserves.

Berechnung der Vorräte von im Erdöl gelöstem Gas[1)]

M. A. SHDANOW

Die Berechnung der Erdölgasvorräte begann in dem Augenblick die Aufmerksamkeit auf sich zu lenken, als der Bedarf an Gas immer dringender wurde und man dazu übergegangen war, das Gas als wertvollen Bodenschatz zu gewinnen.

Die ersten Arbeiten, die der Einschätzung der Erdölgasvorräte gewidmet waren, stützten sich auf die formale Erforschung der Dynamik der Veränderung des Gas-Öl-Verhältnisses — = GÖV — (oder auf die Angaben über die gewichtsmäßigen Gasentnahmen aus dem Erdöl, z. B. in den Bohrungen der Grosnefti) sowie auf die Bestimmung der Gasvorräte aus den Angaben über die Erdölvorräte (auf der Grundlage des festgestellten Gas-Öl-Verhältnisses).

Im Jahre 1932 verwendete man auf den Bohrungen der Asnefti zur Errechnung der Erdölgasvorräte eine Formel, die einer geometrischen Reihe ähnelte und die Veränderung des GÖV bei Verringerung der Tagesdurchschnittsförderung an Erdöl benutzte. Dabei war es — allerdings bedingt — gewöhnlich so, daß man bei einer Erdölförderung bis zu 100 t im Monat an einer Gasgewinnung nicht mehr interessiert war.

Eine ähnliche Methode zur Berechnung der Erdölgasvorräte mittels der festgestellten Beziehungen zwischen der laufenden Gasgewinnung und der Erdölgewinnung (sogar ohne Erforschung der dynamischen Veränderung des GÖV) wurde von W. HILL (?) und E. ROWLINGS (?) (1933) bei der Errechnung der Gasvorräte in der Öl- und Gaslagerstätte im Lower-Simpson-Kalkstein in Oklahoma-City angewandt.

In der Folgezeit wurde entsprechend dem Grade, in dem die Löslichkeit des Gases im Erdöl und der Charakter der Veränderung des GÖV bei der Förderung aus der Lagerstätte erforscht wurden, die formale Anwendung dieser Methode zur Berechnung der Erdölgasvorräte aus dem GÖV unzweckmäßig.

Bekanntlich hängt die Löslichkeit des Gases im Erdöl vom Lagerstättendruck, von der Lagerstättentemperatur sowie von der Zusammensetzung des Erdöls und des Gases ab. Je mehr das Gas in seiner Zusammensetzung dem Erdöl näherkommt, um so größer ist die Löslichkeit des Gases. In leichtem Erdöl löst sich Kohlenwasserstoffgas besser als in schwerem; schweres Gas ist leichter im Erdöl löslich als trockenes, leichtes Gas, das kein Benzin enthält. Einzelne Bestandteile des Gasgemisches lösen sich im Erdöl in verschiedenen Mengen. Methan ist z. B. weniger löslich als Äthan usw. Von geringer Löslichkeit im Erdöl ist Stickstoff, noch schlechter löst sich Wasserstoff; Kohlensäure dagegen löst sich leicht.

Die Löslichkeit der Kohlenwasserstoffgase im Erdöl weicht bekanntlich vom HENRYschen Gesetz ab. Bei großem Druck nimmt die Löslichkeit der Gase schneller zu als der Druckanstieg; bei kleinem Druck bleibt die Entgasung des Erdöls gegenüber dem Druckabfall zurück.

Alle genannten Faktoren beeinflussen die Größe des an der Oberfläche registrierten GÖV. Die Größe des GÖV variiert noch mehr in Abhängigkeit von der angewendeten Depression in den Bohrungen. Insgesamt besteht keine Veranlassung, das GÖV für eine Berechnung der Erdölgasvorräte aus den errechneten Erdölvorräten zu benutzen. Es wird notwendig, eine Berechnung der Erdölgasvorräte nach der Löslichkeit des Gases im Erdöl vorzunehmen. Um die Löslichkeit des Gases im Erdöl einzuschätzen, wäre es das beste, die Angaben aus Erdöl-Tiefenproben zu benutzen. Man muß jedoch berücksichtigen, daß die Löslichkeit des Gases im Erdöl, die an Hand von Erdöl-Tiefenproben bestimmt wird, oft überhöhte Ziffern im Vergleich zu den Angaben liefert, die im Separator erhalten wurden, da die zu bestimmende Größe auch von der Art und Weise der Entgasung des Erdöls abhängt.

Bei der Kontaktentgasung des Erdöls wird infolge der ständigen Anwesenheit leichter Fraktionen der Partialdruck der schwereren Komponenten immer geringer, was ihre weitere Verdunstung begünstigt. Daher wird die Gesamtmenge des aus der Lösung ausgeschiedenen

[1)] Aus: „Geologija nefti i gasa", Nr. 3, 1959. Übers.: WINKELMANN

Gases bei der Kontaktentgasung des Erdöls größer sein als bei der differentiellen.

Bei der differentiellen Entgasung wird das aus der Lösung im Erdöl frei werdende Gas periodisch, entsprechend dem Abfall des Druckes, so abgeleitet, daß im Kontakt mit der Flüssigkeit stets die aus der Lösung gerade erst ausgeschiedenen, immer schwereren Fraktionen zurückbleiben. In diesem Falle steigt durch Ableitung der leichten Fraktionen der Partialdruck der schwereren Komponenten unaufhörlich an, was ihre Verdunstung erschwert.

Unter Lagerstättenverhältnissen kommt die Entgasung des Erdöls bei Verringerung des Druckes der Kontaktentgasung näher.

In Verbindung mit dem Gesagten muß man die Bilanzvorräte des im Erdöl gelösten Gases aus Messungen an unter Lagerstättenbedingungen entnommenen Proben bestimmen. Die ausbringbaren Vorräte aber sind nach dem GÖV (gemessen am Separator bei 1 at und einer Temperatur von + 20°) zu bestimmen, das man als gewogenes Mittel aus den Werten der Teste und Produktionsversuche in den Bohrungen in der Anfangsperiode der Förderung erhält.

Eine solche Berechnung muß deshalb vorgenommen werden, weil der Inhalt des im Erdöl gelösten Gases in verschiedenen Teilen der Lagerstätte verschieden ist und in Verbindung damit Erdöl-Tiefenproben in den über die Lagerstätte gleichmäßig verteilten Bohrungen genommen werden müssen.

Bei einer Berechnung der Erdölgasvorräte muß man das Regime des Erdöllagers berücksichtigen.

Bei Wassertrieb kann man die Berechnung der Bilanzvorräte des im Erdöl gelösten Gases nach der Gleichung vornehmen:

$$V = Q_i r_0 + (Q_b - Q_i)(r_0 - q) \quad (1)$$

V — Bilanz-Gasvorräte in m³;
Q_i — ausbringbare Erdölvorräte in t;
r_0 — anfängliche Löslichkeit des Gases im Erdöl in m³/t;
Q_b — Bilanz-Erdölvorräte in t;
q — restliche Menge des im Erdöl gelösten Gases (im nicht ausbringbaren Erdöl) am Ende der Ausbeutung in m³/t.

Weil in den Lagerstätten mit Wassertrieb in der Regel der Druck nicht unter den Sättigungsdruck sinkt, ist das GÖV konstant und praktisch $r_0 = q$.

In einem solchen Falle muß man die Bilanzvorräte des im Erdöl gelösten Gases nur nach den ausbringbaren Erdölvorräten bestimmen:

$$V = Q_i / r_0 \quad (2)$$

Lediglich in einzelnen Fällen, wenn im letzten Stadium der Ausbeutung der Druck des Randwassers nicht ausreicht und der Lagerstättendruck unter den Sättigungsdruck absinkt, muß man sich der Formel (1) bedienen.

Für eine Lagerstätte mit Gasentlösungstrieb, bei dem der Koeffizient der Gasabgabe größer ist als der Koeffizient der Erdölabgabe, muß man die Bilanzvorräte des im Erdöl gelösten Gases nach den Daten der ausbringbaren und nicht ausbringbaren Erdölvorräte bestimmen.

In diesem Falle muß man in Betracht ziehen, daß im Erdinnern nach der Entnahme der ausbringbaren Erdölvorräte Gas zurückbleibt:

1) freies Gas — unter Lagerstättenverhältnissen frei geworden durch die Förderung des Erdöls; 2) freies Gas — unter Lagerstättenverhältnissen frei geworden infolge Schrumpfung der im Erdinnern zurückgebliebenen nicht ausbringbaren Erdölvorräte; 3) gelöstes Gas — in den nicht ausbringbaren Erdölvorräten bei einem gewissen Restlagerstättendruck.

Auf Grund des Gesagten sieht die Formel zur Berechnung der ausbringbaren Vorräte an im Erdöl gelöstem Gas folgendermaßen aus:

$$V_0 = Q_b r_0 - Q_i U_0 P_e d_e f - Q_n (U_0 - U_e) P_e d_e f - Q_n y r_e \quad (3)$$

V_0 — ausbringbare Vorräte an im Erdöl gelöstem Gas in m³ unter Normalbedingungen;
Q_e — Bilanzvorrat an Erdöl in t unter Normalbedingungen;
Q_i — ausbringbare Erdölvorräte in m³ unter Normalbedingungen;
Q_n — nicht ausbringbare Erdölvorräte in m³ unter Normalbedingungen;
U_0 — Volumenfaktor des Lagerstättenerdöls zu Beginn der Förderung bei einem Druck P_0;
U_e — Volumenfaktor des Lagerstättenöls am Ende der Förderung bei dem restlichen Druck P_e;
r_0 — mittleres gewogenes ursprüngliches GÖV in m³/t, gemessen im Kondensator bei 1 at;
r_e — die restliche Menge Gas in m³/t, im Erdöl gelöst bei einem restlichen Druck P_e;
P_e — restlicher Druck in der Lagerstätte in at;
d_e — Korrektur wegen der Komprimierbarkeit des Gases für einen Druck P_e;
f — Temperaturkorrektion, $f = \frac{T + t_{st}}{T + t_{pl}}$,
t_{st} = Normaltemperatur,
t_{pl} = Lagerstättentemperatur in °C;
y — spezifisches Gewicht des Erdöls bei Normalbedingungen in t/m³.

Beim Fehlen von Angaben über die Größe P_e nimmt man zwecks Vereinfachung orientierungshalber $P_e = 10$ at. Auf diese Weise bleibt in der Lagerstätte das nicht ausbringbare gelöste Gas in dem nicht ausbringbaren Erdöl und das freie Gas, das bei der Förderung des Erdöls und durch die Schrumpfung des Restöles frei wurde, im freien Porenraum. Daher muß die Größe des Restdruckes P_e sowie die Löslichkeit des Gases r_e im Resterdöl bei diesem Druck untersucht werden.

Für Erdöllager mit Gaskappenbetrieb wird die Berechnung der Gasvorräte getrennt vorgenommen: für die Gaskappe nach der Volumenformel, die zur Errechnung der Vorräte an freiem Gas in reinen Gaslagerstätten angewandt wird, und für die Erdölzone (mit im Erdöl gelöstem Gas) nach der Formel (3) für Gasexpansionstrieb.

Bei einem gemischten Regime, besonders wenn bei der Ausbeutung ein Absinken des Lagerstättendrucks erfolgt, der die Absonderung freien Gases im Erdinnern hervorruft bei gleichzeitigem Vordringen des Wassers in das Erdöllager, ist die Berechnung der im Erdinnern ausgeschiedenen Gasmengen, die für die Ausbringung in Frage kommen und die in der Schicht verbleiben, nach der Materialbilanzgleichung vorzunehmen.

Man darf nicht übersehen, daß die Genauigkeit der Berechnung nach den genannten Formeln von der Genauigkeit der Bestimmung der Ausgangsdaten abhängt.

Da innerhalb der letzten zehn Jahre die Erdöllager intensiver untersucht wurden und somit die Untersuchungsergebnisse um vieles genauer geworden sind, liefert eine Berechnung der Vorräte an im Erdöl gelöstem Gas nach den bereits genannten Formeln genügend exakte Zahlen. Offenbar können wir analoge Schlüsse über die Genauigkeit der zu erhaltenden Ziffern der Erdölgasvorräte auch hinsichtlich aller jener Erdöllager ziehen, die mit der notwendigen Gründlichkeit untersucht wurden.

Zur Berechnung der Erdölgasvorräte für nur unvollständig erforschte Erdöllager, die dadurch für eine Berechnung zu ungenaue Ausgangsdaten aufweisen, ist die Anwendung der oben erwähnten Formeln äußerst schwierig. Hauptsächlich ist das der Fall, wenn Angaben über den Lagerstättendruck zu Beginn und am Ende der Ausbeute, von denen die übrigen Parameter (U_0, U_e, r_0, r_e, d_e) abhängen, fehlen. Dann muß man die Berechnung der Erdölgasvorräte nach der Löslichkeit des Gases im Erdöl zum Zeitpunkt der Berechnung, nicht aber zu Beginn der Ausbeutung, vornehmen. Fehlen Angaben über die Löslichkeit des Gases im Erdöl zum Zeitpunkt der Berechnung, so kann man die Gasmenge, die zum Zeitpunkt der Berechnung bei entsprechendem Lagerstättendruck im Erdöl gelöst ist, nach den in der Literatur vorhandenen Löslichkeitskurven des Gases im Erdöl bestimmen. In diesem Falle müssen folgende Werte bekannt sein:

P — mittlerer Druck im Erdöllager, berechnet an Hand der Isobarenkarte zum Zeitpunkt der Berechnung, in at;
Q — restlicher ausbringbarer Erdölvorrat zum Zeitpunkt der Berechnung in t;
r_p — mittleres GÖV zum Zeitpunkt der Berechnung in m^3/t;
r — an Hand des Diagramms errechnete Löslichkeit des Gases im Erdöl zum Zeitpunkt der Berechnung bei einem Druck P in m^3/t.

Der Gasvorrat V kann nun in m^3 bestimmt werden nach dem Verhältnis: $V = Qr$, falls $r_p > r$, oder $V = Qr_p$, falls $r_p < r$, d. h., wenn das Erdöl bei entsprechendem Lagerstättendruck mit Gas untersättigt ist.

Natürlich ist die Löslichkeit des Gases im Erdöl zum Zeitpunkt der Berechnung durch eine Analyse der Erdöl-Tiefenproben am besten zu bestimmen. Dann ist die erhaltene Löslichkeit des Gases im Erdöl auch die Ausgangsgröße für die Bestimmung der Vorräte an im Erdöl gelöstem Gas.

Diese Methode zur Bestimmung der Erdölgasvorräte braucht erst im späteren Stadium der Förderung angewandt zu werden oder dann, wenn die für die Berechnung nach Formel (3) erforderlichen Ausgangsdaten nicht bestimmt werden können.

Es hat keinen Sinn, in Verbindung damit die möglichen zusätzlichen Gasvorräte aus der Entgasung des im Erdinnern zurückbleibenden (nicht ausbringbaren) Erdöls in Betracht zu ziehen, da sie in diesem Falle wertlos sind, ihre Berechnung aber gewöhnlich Schwierigkeiten verursacht.

Um die errechneten Erdölgasvorräte auch wirklich fördern zu können, muß für die gegebene Lagerstätte ein entsprechendes technologisches Schema zum Sammeln und zur Nutzung des Gases ausgearbeitet werden. Anderenfalls können die gewonnenen Gasmengen geringer als die errechneten ausbringbaren Vorräte sein.

Es muß betont werden, daß bei Berechnung von Vorräten an gelöstem Gas durch Laboruntersuchungen von Erdöl-Tiefenproben die Löslichkeit des Gases im Erdöl ermittelt werden muß. Experimentell wurde z. B. für die Bakuer Erdöle und Gase festgestellt, daß der Fehler der tatsächlichen Löslichkeit der Gase im Erdöl im Vergleich zu den Bestimmungen aus gemittelten Löslichkeitskurven oft 100% erreicht. Eine Fehlerquelle in diesen Kurven ist auch das Nichtberücksichtigen des Einflusses der Lagerstättentemperatur auf die Löslichkeit des Gases im Erdöl. Die Praxis bestätigt, daß man infolge der besonderen Eigenschaften der Erdöle unter den Bedingungen der meisten Lagerstätten eine verallgemeinerte graphische Darstellung der Löslichkeit mit relativ geringen Fehlern nur erhalten kann, wenn man die Kurven für jede Lagerstätte einzeln aufstellt.

Zusammenfassung

Das verschiedene Regime der Erdöllagerstätten verlangt entsprechende Berechnungsmethoden für die zu bilanzierenden Vorräte an Begleitgas. Der Autor bringt Formeln, nach denen die im Erdöl gelösten gewinnbaren Gasmengen am genauesten berechnet werden können.

Резюме

Различный режим нефтяных месторождений требует соответствующих методов для баланса запасов сопровождающего нефть газа. Автор приводит формулы, по которым возможно точнейшим образом подсчитать растворенные в нефти добываемые количества газа.

Summary

Suitable methods of calculation are required by the different regime of petroleum deposits for reserves of accessory gas to be balanced. The author indicates formulas enabling the most exact calculation of the obtainable amount of gas dissolved in petroleum.

Instruktion zur Anwendung der „Klassifikation der Lagerstättenvorräte fester mineralischer Rohstoffe" auf Kali- und Steinsalzlagerstätten der DDR

2. Kali-Instruktion
vom 9. Januar 1960

INHALT

Allgemeines

(Geologische Stellung der Salzlagerstätten, petrographisch-mineralogische Daten, Begriffsbestimmungen u. a.)

1.1 Kali- und Steinsalzlagerstätten sind die Grundlage für die Kali- und Steinsalzgewinnung in der DDR.

1.11 Wirtschaftlich bedeutend sind Kali- und Steinsalzlagerstätten des Zechsteins (z).
Die Nutzung dieser Lagerstätten findet bei Steinsalz teils bergmännisch, teils durch Aussolung statt. Kalisalze werden ausschließlich bergmännisch gewonnen. Geringe wirtschaftliche Bedeutung haben die Steinsalzlagerstätten im Mittleren Muschelkalk (mm) und Oberen Buntsandstein (so). Sie werden ausschließlich durch Aussolung genutzt.

1.12 Der Zechstein wird in Deutschland wie folgt stratigraphisch gegliedert[1]):

[1]) in Anlehnung an RICHTER-BERNBURG (1953)

Salinare Entwicklung

Zechstein IV (Aller-Serie)	A 4 r	Grenzanhydrit		
	Na 4	Allersalze (Jüngstes Steinsalz)	Na 4 l	Tonbanksalz
			Na 4 br	Tonbrockensalz
				± Flöz „Ottoshall" (K 4)
			Na 4 γ	Rosensalz
			Na 4 β	Schneesalz
			Na 4 α	Basissalz
	A 4	Pegmatitanhydrit		
	T 4	Roter Salzton		
Zechstein III (Leine-Serie)	Na 3	Leine-Salze (Jüngeres Steinsalz): Riedel Gruppe Na 3b	Na 3 tm	Tonmittel-Zone (inkl. Blauer Ton)
				± Flöz „Albert" (K 3 A)
			K 3 Ri	Flöz „Riedel" (Ri)
			Na 3 ϑ	Schwadensalz (± K 3 δ)
			Na 3 am	(η) Anhydritmittelzone
				± „Mittelflöz" (K 3 η)
			Na 3 ξ	Buntes Salz
				± Flöz „Bergmannssegen" (K 3B)
		Ronnenberg Gruppe Na 3a	Na 3 ε	Bändersalz
			Na 3 δ	Banksalz
			K 3 Ro	Flöz „Ronnenberg" (Ro)
			Na 3 γ	Orangesalz
			Na 3 β	Liniensalz
			Na 3 α	Basissalz
	A 3	Hauptanhydrit		
	± Ca 3	Plattendolomit		
	T 3	Grauer Salzton		
Zechstein II (Staßfurt-Serie)	A 2 r	Gebänderter Deckanhydrit		
	Na 2 r	Decksteinsalz		
	K 2	Flöz „Staßfurt"		
	Na 2	Staßfurt-Steinsalz (Älteres Steinsalz)		
	A 2	Basalanhydrit		
	Ca 2	Hauptdolomit - Stinkdolomit - Stinkschiefer		
	± T 2	Braunroter Salzton		
Zechstein I (Werra-Serie)	A 1β	Oberer Werra-Anhydrit		
	Na 1	Werra-Salze (Ältestes Steinsalz)	Na 1 γ	Oberes Werrasalz
			K 1 H	Flöz „Hessen"
			Na 1 β	Mittleres Werrasalz
			K 1 Th	Flöz „Thüringen"
			Na 1 α	Unteres Werrasalz
	A 1 α	Unterer Werra-Anhydrit-Knotenschiefer		
	Ca 1	Zechsteinkalk		
	T 1	Kupferschiefer		
	S 1	Konglomerat		

1.2 Vom Kali- und Steinsalzbergbau werden in der DDR gegenwärtig folgende Horizonte des Zechsteins wirtschaftlich genutzt:
Leine-Steinsalz Na 3 (Jüngeres Steinsalz),
Kaliflöz „Staßfurt" K 2,
Staßfurt-Steinsalz Na 2 (Älteres Steinsalz),
Werra-Steinsalz Na 1,
Kaliflöz „Hessen" K 1 H,
Kaliflöz „Thüringen" K 1 Th.

1.21 Große wirtschaftliche Bedeutung besitzen folgende Salzminerale:
a) Steinsalz (NaCl) — nur bei Steinsalzgewinnung,
b) Sylvin (KCl),
c) Carnallit ($KCl \cdot MgCl_2 \cdot 6H_2O$),
d) Kieserit ($MgSO_4 \cdot H_2O$).
Außerdem haben Brom und Borazit wirtschaftliche Bedeutung.
e) Brom (Br) in isomorpher Vertretung des Chlors in chloridischen Mineralien (im Carnallit Cl : Br etwa 150 : 1),
f) Borazit(Staßfurtit) ($5\,MgO \cdot 7\,B_2O_3 \cdot MgCl_2$).
In den Lagerstätten der DDR erlangen gelegentlich und auch dann nur untergeordnete Bedeutung:
g) Kainit ($KCl \cdot MgSO_4 \cdot 3\,H_2O$),
h) Polyhalit ($2\,CaSO_4 \cdot K_2SO_4 \cdot MgSO_4 \cdot 2\,H_2O$),
i) Langbeinit ($K_2SO_4 \cdot 2MgSO_4$),
j) Rubidiumchlorid (RbCl).

1.22 Folgende Minerale bzw. Stoffe können neben anderen für die fabrikatorische Verarbeitung von schädlichem Einfluß sein:
a) Ton-, Anhydrit-, Karbonat- und andere Schlämme;
b) bei der Hartsalzverarbeitung gelegentlich auch Kieserit und Carnallit;
c) Tachhydrit ($2\,MgCl_2 \cdot CaCl_2 \cdot 12\,H_2OU$);
d) Staßfurtit-Konkretionen (auch Borazitknollen genannt) bei weicher Ausbildung.

1.23 Der Kaliumgehalt von Polyhalit, Langbeinit und anderen schwerlöslichen Kaliumverbindungen geht im Löseprozeß in der Regel verloren.

1.3 Für die Gewinnung kommen folgende Salzgesteine in Betracht:

1.31 Steinsalz.

1.32 Carnallitgestein:
Carnallit, Steinsalz, Kieserit und/oder Anhydrit bzw. Tachhydrit.

1.33 Sylvinit:
Sylvin und Steinsalz.

1.34 Hartsalz:
Sylvin, Steinsalz, Anhydrit und/oder Kieserit und/oder sulfatische Doppelsalze.

2. Forderungen der Industrie an Kalisalzlagerstättenvorräte

2.1 Die Haupterzeugnisse der Kaliindustrie sind chloridische und sulfatische Kalidüngesalze. Von den Nebenprodukten sind Kaliammonsalpeter, Glaubersalz, Magnesiumchlorid, Magnesiumsulfat und Brom von besonderer Bedeutung. (Die Handelsprodukte der Kali- und Steinsalzindustrie sind unter 9. in den Tabellen 2—4 aufgeführt.)

2.2 Für die wirtschaftliche Erzeugung dieser Fabrikate müssen an den Rohstoff bei dem gegenwärtigen Stand der technischen Entwicklung folgende Forderungen gestellt werden:

2.21 Ein bestimmter Durchschnittsgehalt an K_2O darf nicht unterschritten werden.

2.22 Es müssen bestimmte Qualitätsbedingungen hinsichtlich der mineralogischen Zusammensetzung, der Verwachsungsverhältnisse und des zulässigen Maximums an schädlichen Beimengungen erfüllt sein.

2.23 Die Lagerungsverhältnisse und bergtechnischen Abbaubedingungen müssen eine Gewinnung ermöglichen.

2.3 Der Bergbau fordert von der Erkundung folgende Angaben:
a) Mächtigkeit, Lagerung und Struktur der Lagerstätten, Auftreten von Begleitflözen;
b) Ausbildung der Liegend- und Hangendschichten des Kalisalzlagers, Möglichkeiten von Lauge- und Gaseinbrüchen;
c) Zustand des Deckgebirges und seine Wasserführung;
d) Lage des Salzspiegels bzw. des Salzhanges;
e) Lage möglicher Auslaugungssenken.

2.4 Für fast alle bergbaulich genutzten Kalisalzlagerstätten in der DDR hat das Problem der maximalen Teufe für den Abbau keine praktische Bedeutung. Für die anderen Lagerstätten und Gebiete der geologischen Kalisalzerkundung wird vorläufig die maximale Abbauteufe für Bilanzvorräte mit 1200 Meter festgelegt. Die untere Grenze der Teufe für die Berechnung der Außerbilanzvorräte wird vorläufig bei 2000 Meter festgelegt.

3. Forderungen der Industrie an Steinsalzlagerstättenvorräte

3.1 In Abhängigkeit vom Verwendungszweck werden drei Sorten Steinsalz unterschieden: Speisesalz, Viehsalz, Industriesalz. Die Hauptmenge an Steinsalz wird für industrielle Zwecke verwendet, hauptsächlich für die Fabrikation von Natrium- und Chlorverbindungen.

3.2 Je nach Verwendungszweck des Steinsalzes werden an das Fördergut bestimmte Anforderungen (z. B. Garantiesalz) gestellt.

3.21 Während im Steinspeisesalz jede Verunreinigung, besonders durch K und Mg, unerwünscht ist, wirkt sich ein geringer Kaliumgehalt der Sole bei der Speisesalzerzeugung durch Kornvergrößerung vorteilhaft aus.

3.22 Das von der chemischen Industrie zu verarbeitende Steinsalz muß hinsichtlich des SO_3-Gehaltes den Anforderungen der entsprechenden TGL genügen. Je nach Verwendung des Steinsalzes ist für diese schädliche Komponente (z. B. wegen erhöhten Aufwandes an Fällungsmitteln in der Elektrolyse) ein Grenzwert zu erarbeiten und zu bestätigen.

3.3 Die Forderungen des Bergbaus an die Erkundung entsprechen denen für Kalisalzlagerstätten (2.3).

4. Forderungen an die Methodik der geologischen Erkundung von Salzlagerstätten

4.1 Allgemeines

4.11 Die geologische Erkundung von Salzlagerstätten wird durch Bohrungen und bergmännische Arbeiten vorgenommen. Es gilt bei Salzlagerstätten mehr als bei anderen, daß die Erkundung mit einem Minimum an OT-Bohrungen[2]) durchgeführt werden muß. Das Studium geologischer Einzelheiten (Fazies des Lagers, Tektonik usw.) erfolgt durch Erkundung mittels UT-Kern-Bohrungen[2]), bergmännischer Arbeiten und Bohrungen mit Bohrmehlproben. Die angestrebte — im Vergleich zu anderen Rohstoffen geringe — Zahl der OT-Bohrungen muß durch ihre rationelle Verteilung auf der Lagerstätte und durch intensive Einschaltung geophysikalischer Erkundungsverfahren ein Maximum an erreichbaren Erkentnissen ermöglichen.

4.12 Jedes OT-Bohrloch muß nach seiner Einstellung verläßlich verfüllt werden, nachdem vorher durch azimutale und Neigungsmessungen die Abweichung des Bohrloches genau bestimmt wurde. (Eine sorgfältige Durchführung dieser Arbeiten ist für die nachfolgende Festlegung der Sicherheitspfeiler unerläßlich.) In Steinsalzlagerstätten darf nur mit salzgesättigter und in Kalisalzlagerstätten nur mit $MgCl_2$-gesättigter Spülung gebohrt werden.

4.13 Wenn keine geophysikalischen Bohrlochmessungen (γ-, $\gamma\gamma$-, Neutronen-γ-Messungen u. a.) mit eindeutigen Ergebnissen vorliegen, darf der Kerngewinn im nutzbaren Rohstoff, mit Ausnahme von Trümmercarnallit und Kristallsalzzonen im Leinesalz, nicht geringer als 80%, im Trümmercarnallit und in den Kristallsalzzonen im Leinesalz nicht geringer als 65% sein. Bohrungen mit geringerem Kerngewinn ohne geophysikalische Meßergebnisse dürfen zur Vorratsberechnung nicht benutzt werden.

4.14 UT-Kernbohrungen zur Erkundung tektonischer und anderer geologischer Einzelheiten können von den bergmännischen Bauen aus im notwendigen Umfang ausgeführt werden. Jedoch sind schichtenparallele Bohrungen zur Beurteilung des Lagers und seiner K_2O-Gehalte unbrauchbar.

4.15 Wenn durch UT-Kernbohrungen bzw. Bohrmehlbohrungen die volle Mächtigkeit eines Kalisalzlagers nachgewiesen werden soll, muß das Hangende und Liegende bis zum einwandfreien Nachweis angebohrt werden. Bei UT-Kernbohrungen im Werra-Revier ist das hangende und liegende Steinsalz mit etwa 5 m; in den übrigen Revieren der Graue Salzton bzw. gebänderte Deckanhydrit mit etwa 0,5 m, das Ältere Steinsalz mit etwa 10 m anzubohren.

4.2 Dokumentation

4.21 Für die geologische Dokumentation von Erkundungsbohrungen und bergmännischen Aufschlußarbeiten haben die „Vorläufige Arbeitsanweisung zur Felddokumentation geologischer Erkundungsarbeiten"[3]) der Staatlichen Geologischen Kommission bzw. entsprechende Arbeitsanweisungen der VVB Kali Gültigkeit.

[2]) OT-Bohrungen = Bohrungen von der Tagesoberfläche aus.
UT-Bohrungen = Bohrungen aus bergmännischen Aufschlüssen.

[3]) Z. angew. Geol., 2, H. 11/12, S. 558–564, Berlin 1956.

4.22 Die Forderungen der ZVK an die Berechnung der Vorräte (s. 7ff.) können nicht durch die unter 4.21 genannten Anweisungen außer Kraft gesetzt werden.

4.3 Probenahme

4.31 Bei Kernbohrungen ist für die chemische Analyse folgendes zu beachten:

4.311 Die Bemusterung muß das Lager in seiner vollen Mächtigkeit erfassen.

4.312 Bei ungleichmäßiger Zusammensetzung des Lagers muß dessen Gesamtmächtigkeit in einzelne, stofflich möglichst gleichartige Sektionen unterteilt werden, damit gleichartige Varietäten auch gesondert analytisch bestimmt werden können. Die geringste Länge derartiger Sektionen soll 0,8 m, die größte im gleichartigen Rohstoff 5 m betragen.

4.313 Wenn diese Gliederung nicht durch Augenbefund möglich ist, hat sie an Hand von Körnerpräparatuntersuchungen, Dünn- oder Anschliffen zu erfolgen. In Zweifelsfällen sind stets Einzelsektionen zu untersuchen, da sie leicht — nach Eingang der Analysenergebnisse — vereinigt werden können.

4.314 Wenn im Kalisalzlager Einlagerungen von Ton, Anhydrit und Karbonaten enthalten sind, werden sie bei Mächtigkeiten bis zu 20 cm in die gewöhnlichen Proben einbezogen und bei der Analyse mitbestimmt.

4.32 Bei der Probenahme in bergmännischen Bauen gilt sinngemäß 4.311–4.314. Als Probenart wird die Schlitzprobe in Verbindung mit Hoch- und Tiefbohrungen (Bohrmehlproben) empfohlen. Beim Auffangen des Probegutes darf keine Windsichtung auftreten. Wenn bei der bergmännischen Erkundung nicht die volle Mächtigkeit des Lagers freigelegt wurde, sind die Schlitze durch Bohrungen zu ergänzen, so daß das Profil des Lagers und Probenmaterial vom Hangenden bis zum Liegenden vorliegt (s. hierzu 4.15).

4.33 Die Probenahmestellen liegen in Abständen von 20 bis 40 m — in besonders begründeten Fällen bei Carnallit-Lagerstätten mit gleichmäßiger Ausbildung bis zu 60 m und bei Steinsalzlagerstätten bis zu 100 m — im allgemeinen an einem Stoß oder schachbrettartig an beiden. Die Abstände werden für jede Lagerstätte in Abhängigkeit von der Gleichmäßigkeit der Lagerstätte oder ihrer Teile vom Geologen festgelegt. Einmal festgelegt, sind diese Abstände stets einzuhalten. Die Probenahmestellen sind einzumessen und in einem Bemusterungsriß einzutragen.

4.34 Vor der Probenahme ist zu prüfen, ob das Salz frisch ansteht, andernfalls ist das frische Salzgestein freizulegen.

4.4 Probenverarbeitung

4.41 Die Verjüngung des genommenen Probenmaterials muß derart erfolgen, daß keine Entmischungen nach Korngrößen auftreten.

4.42 Wenn Analysen nicht umgehend durchgeführt werden, müssen Proben von Carnallit und anderen hygroskopischen Salzgesteinen in luftdicht verschlossenen Behältern bis zur Analysierung aufbewahrt werden.

4.5 Untersuchung der Proben

4.51 Es werden Teil- und Vollanalysen unterschieden. Teilanalysen können sich auf die Bestimmung von K_2O beschränken.

4.511 Die chemische Vollanalyse hat auf K, Mg, Ca, SO_3, Cl, H_2O, R_2O_3 ($=Fe_2O_3 + Al_2O_3$) und auf unlösliche Beimengungen zu erfolgen. Der Gehalt von Na kann rechnerisch bestimmt werden.

4.512 Außer diesen Elementen und chemischen Verbindungen ist nach Bedarf in Kalisalzproben noch der Gehalt an Brom und Bor, in Einzelfällen auch an Jod und anderen wertvollen Bestandteilen zu ermitteln.

4.513 Außer den nutzbaren Komponenten ist auch den schädlichen Beimengungen Beachtung zu schenken. Vor allem ist die Tachhydritbestimmung in den entsprechenden Carnallitwerken von großer Bedeutung.

4.514 Eine alleinige K_2O-Bestimmung ist in solchen Lagerstätten nicht zulässig, wo in Mischfaziesgebieten die Abbauplanung zuverlässige Unterlagen erfordert. In diesen Fällen sind die Anteile der verschiedenen Kalimineralien zu ermitteln.

4.515 Teilanalysen sind nur bei in Abbau stehenden Lagerstätten zulässig und können im allgemeinen zur Vorratsberechnung neu erkundeter Lagerstätten nicht verwendet werden.

4.516 Steinsalzproben werden auf die in den entsprechenden TGL angeführten Komponenten analysiert.

4.52 Die Richtigkeit der chemischen Analysenergebnisse muß durch Kontrollanalysen (1% innere, 0,5% äußere Kontrolle) geprüft werden. Auf eine möglichst gleichmäßige Verteilung der Kontrollanalysen über die gesamte Lagerstätte ist zu achten. Bei OT-Bohrungen sind je 10% der Gesamtanalysen der inneren und äußeren Kontrolle zuzuführen.

4.53 Neben der chemischen Analyse sind ausreichend kristalloptische sowie Dünn- und Anschliffuntersuchungen durchzuführen. Ihre Anzahl ist auf Grund der örtlichen Verhältnisse durch den Geologen festzulegen.

4.6 Hydrogeologische Untersuchungen

4.61 Die hydrogeologischen Untersuchungen sind während der geologischen Erkundung durchzuführen und im allgemeinen auf die Wasserführung des Deck- und Auslaugungsgebirges zu beschränken.

4.62 Dabei soll festgestellt werden:
a) Anzahl der wasserführenden Horizonte, ihr petrographischer Charakter, Lagerung, Verbreitung, Mächtigkeit usw.;
b) hydrostatisches Niveau jedes Horizontes;
c) Speisung und Einzugsgebiet der wasserführenden Schichten;
d) Chemismus der Wässer;
e) Lage des Salzspiegels bzw. -hanges oder Tiefe der Auslaugungssenke.

4.7 Berechnung der Vorräte

4.71 Die Vorratsberechnung erfolgt in 1000 Tonnen Rohsalz (eff) des Rohstoffes und in 1000 Tonnen K_2O. In der Regel sind die Rohstoffsorten getrennt zu berechnen. Wo die Erkundungsdichte nicht ausreicht, erfolgt die Berechnung als Kalisalz.

4.72 Bei Vorhandensein mehrerer Kalisalzlager[4]) ist die Berechnung für jedes gesondert durchzuführen.

4.73 Ist ein Kalisalzlager[5]) durch ein Steinsalzmittel[6]) getrennt bzw. setzt es sich aus zwei Lagern mit verschiedenen Rohstoffsorten zusammen[7]) und ist eine Gewinnung jedoch nur gemeinsam bzw. unter Einbeziehung des Zwischenmittels möglich, müssen Menge und Gehalt für das gesamte anfallende Fördergut berechnet werden.
Bei unterschiedlicher Fazies der einzelnen Lager[7]) kann die Berechnung als „Kalisalze" erfolgen. Der geschätzte Prozentanteil für Hartsalz und Carnallit ist jedoch anzugeben.

4.74 Wird das Hangende bzw. Liegende des Kalilagers von Hoch- bzw. Tiefbohrungen auf einer größeren Erstreckung (maximal höchstzulässige Entfernung 120 m) nicht erreicht, dann müssen die nicht bemusterten Vorräte durch Profilkonstruktion, Inter- bzw. Extrapolation berechnet und bei den C_1- bzw. C_2-Vorräten ausgewiesen werden.

4.75 Bei zahlreichen Salzlagerstätten sind wegen der großen Steinsalzmengen in Abweichung zur Klassifikation der Lagerstättenvorräte fester mineralischer Rohstoffe (Pkt. I, § 2.1) nur die Steinsalzmengen zu erfassen, für die eine Gewinnung angestrebt wird. Im Bericht ist für die selektive Gewinnung eine entsprechende Begründung zu geben.

4.76 Bei in Nutzung befindlichen Lagerstätten sind folgende bei Abbau und Gewinnung entstehenden Rohstoffverluste zu berechnen und in Prozenten des Vorrates anzugeben:
1. in Bergfesten[8]) zwischen den Kammern;
2. zwischen der maximalen Bauhöhe und der anzubauenden Bank;
3. zwischen Abbausohle und Liegendem des Kalisalzlagers.
Gesondert zu berechnen sind die Vorräte in der anzubauenden Bank. Diese Vorräte sind in der Gruppe der Außerbilanzvorräte besonders auszuweisen.

4.77 Wenn nach Abbau des Vorratsblockes durch Abbauauswirkungen (Bruch, Setzungen, Gebirgsdruck u. a.) Vorräte in Bergfesten, Begleitflözen (z. B. Carnallitlinsen) usw. nicht mehr abgebaut werden können, werden sie als Abbauverluste ausgewiesen und bei Neuberechnungen unter den Vorräten nicht mehr geführt.

4.78 Die Berechnung der mittleren Gehalte und Mächtigkeiten muß bei in Nutzung befindlichen Lagerstätten für die unter 4.76 aufgeführten Lagerstättenteile gesondert erfolgen, da sie mit unterschiedlichen Verlusten durch Abbau und Gewinnung bewertet werden[9]).

4.79 Neu erkundete Lagerstätten werden ohne Verluste berechnet.

5. Begriffsbestimmungen für Grenz- und Durchschnittsgehalte

5.1 Bei gegebenen geologischen und technologischen Verhältnissen erfolgt die Abgrenzung der Bilanz- und Außerbilanzvorräte hauptsächlich nach den Parametern: Mächtigkeit, Gehalte, Teufe und Verunreinigungen (spez. beim Steinsalz).

5.2 Es ist zu unterscheiden zwischen vier sich auf den Gehalt beziehenden Begriffen:
1. industrieller Minimalgehalt;
2. geologischer Schwellengehalt;
3. untere Gehaltsgrenze der Außerbilanzvorräte;
4. tatsächlicher Durchschnittsgehalt.

5.21 Der industrielle Minimalgehalt ist die untere Grenze für den Durchschnittsgehalt des an die Fabrik zu liefernden Rohsalzes. Diese Grenze bezeichnet jenen Durchschnittsgehalt einer Tages-, Schicht- usw.-Förderung, unter welcher eine Verarbeitung des Rohstoffes z. Zt. unwirtschaftlich ist.
Jeder Vorratsberechnung muß ein von der Staatlichen Plankommission bestätigter industrieller Minimalgehalt zugrunde liegen.

5.22 Der geologische Schwellengehalt ist die vom Geologen für einen Vorratsblock, Lagerstättenteil usw. oder in Einzelfällen (vor allem bei der Erkundung) für die ganze Lagerstätte festgelegte Gehaltsgrenze, welche die Bilanzvorräte von den Außerbilanzvorräten abgrenzt. Der geologische Schwellengehalt kann mit dem industriellen Minimalgehalt zusammenfallen, liegt jedoch meist unter ihm. Der Gehaltsunterschied ergibt sich aus der Möglichkeit, hochprozentige Salze mit geringer prozentigen bis zum industriellen Minimalgehalt zu verschneiden.

5.23 Die untere Gehaltsgrenze der Außerbilanzvorräte, bis zu welcher Kalisalzvorräte in der Vorratsberechnung erfaßt werden, wird einheitlich mit 6% K_2O festgelegt.

5.24 Der tatsächliche Durchschnittsgehalt des Lagers bzw. des Fördergutes (Aufgabegut an die Fabrik) — berechnet nach den vorliegenden Erkundungsergebnissen bzw. durch Bemusterung des Fördergutes — darf nicht niedriger als der industrielle Minimalgehalt sein.
Der tatsächliche Durchschnittsgehalt ist wichtig für betriebliche Abrechnungen und Planungen.

6. Kali- und Steinsalzlagerstättentypen und deren Ausbildung

Bei den Salzlagerstätten der DDR lassen sich bei Berücksichtigung der Ausdehnung, Struktur, Fazies und Tektonik sowie anderer Gesichtspunkte mehrere Typen unterscheiden, die einen unterschiedlichen Aufwand zur Erkundung und Bewertung der Vorräte verlangen.

6.1 Typ I: Weiträumig, horizontal bis flachwellig ausgebildete schichtartige Lagerstätten, im Streichen und Fallen aushaltend (auf 1 × 1 km und mehr); die Mächtigkeit des Kalisalzlagers ist verhältnismäßig gleichbleibend; die Fazies relativ beständig und die Tektonik einfach.
(Vorwiegend verbreitet: Lagerstättenteile des Werragebietes.)

---

[4]) z. B. Oberes Lager = „Flöz Hessen" und Unteres Lager = „Flöz Thüringen" im Werra-Gebiet.
[5]) Im Sinne des „Oberen" oder „Unteren" Lagers der Werra-Kalisalze;
[6]) z. B. „Flöz Hessen" besteht aus: Begleitflöz, Steinsalzmittel (0,5 m mächtig) und Hartsalzlager.
[7]) z. B. „Flöz Thüringen", bei dem ein hangendes Carnallitlager und ein liegendes Hartsalzlager vorhanden sind.
[8]) Bergfesten sind „Pfeiler" und „Schweben", die die Aufgabe haben, das Dach zu stützen und den ursprünglichen Zusammenhang des Gebirges zu erhalten, und deren Abbau in absehbarer Zeit nicht vorgesehen ist (z. B. Schacht- und Bohrlochfesten).
[9]) z. B. beträgt der Abbauverlust in den Bergfesten zwischen den Kammern ca. 45% — zwischen maximaler Bauhöhe und anzubauender Bank 100%.

6.2 Typ II: Größere, an geologische Strukturen (Bruch- und Faltungstektonik) gebundene sattelartige Lagerstätten; steiles bis sehr steiles Einfallen der Kalisalzlager, auf größere Entfernungen (ca. 1 km im Streichen, 250 m im Einfallen) vorwiegend gleichbleibende Mächtigkeiten und fazielle Ausbildung, übersichtliche tektonische Verhältnisse.
(Vorwiegend verbreitet: Staßfurter Sattel.)

6.3 Typ III: Große, schichtartige, horizontal bis flachwellig ausgebildete Lagerstätten bzw. Lagerstättenteile. Das Lager ist im Streichen und Fallen absetzig; wechselnde fazielle Ausbildung, Vertaubungen, tektonisch bedingte, größere Mächtigkeiten bei flacher Lagerung; im Abbaublock (ca. 200 × 250 m) herrschen jedoch übersichtliche Verhältnisse in Fazies und Tektonik.
(Vorwiegend verbreitet: Südharz-Lagerstätten.)

6.4 Typ IV: Kleine Lagerstättenteile mit engräumig wechselhaften Gehalten und Mächtigkeiten; veränderliche fazielle und/oder komplizierte tektonische Verhältnisse, unübersichtliche Ausbildung des Lagers im Abbaublock (ca. 200 × 250 m).
(z. B.: N- und W-Feld Schachtanlage Georg-Unstrut.)

6.5 Typ V: Diapirartige Salzaufpressungen mit mehr oder weniger langgestreckter bis kreisrunder Form, mit komplizierter innerer Tektonik, bestehend aus zahlreichen kulissenartigen Faltensträngen Die Kali- oder Steinsalze sind örtlich angereichert (angestaut) oder verdrückt. Die faziellen Verhältnisse sind unübersichtlich.
(z. B.: Bartensleben und Norddeutscher Raum.)

6.6 Gemäß den Richtlinien der ZVK über Form und Inhalt von Vorratsberechnungen[10]) hat der Geologe die Lagerstätte bzw. Lagerstättenteile in den jeweils entsprechenden Typ einzustufen und die Einstufung zu begründen.

7. Einstufung der Vorräte in die Vorratsgruppen

7.1 Die Abgrenzung der Bilanzvorräte von den Außerbilanzvorräten erfolgt nach den geologischen Schwellengehalten.

7.2 Ferner wird für die Einstufung in die Vorratsgruppen festgelegt:

7.21 Vorräte, die in „befristeten Sicherheitspfeilern" gebunden sind (z. B. Markscheide-, Kohlensäure- und Laugensicherheitspfeiler), werden entsprechend den Industriekonditionen bei den Bilanz- bzw. Außerbilanzvorräten gesondert ausgewiesen.

7.22 Vorräte, die in Bergfesten gebunden sind (z. B. Schacht- und Bohrlochfesten), werden stets in die Außerbilanzvorräte eingruppiert und gesondert ausgewiesen.

7.23 Die Eingruppierung der unter 7.21 und 7.22 angeführten Vorräte ist zu begründen.

7.24 Vorräte, die in der lt. Kali-Bergbau-Vorschriften und anderen Anweisungen der Bergbehörden gegen das Hangende anzubauenden Bank gebunden sind, werden als Außerbilanzvorräte getrennt ausgewiesen.

7.25 Vorräte zwischen maximaler Bauhöhe und anzubauender Bank bzw. Vorräte unter der Abbausohle sind gesondert auszuweisen. Sie werden entsprechend den Industriekonditionen in getrennten Berechnungen zusammen ausgewiesen.

7.26 Vorräte, die nach erfolgtem Abbau, entsprechend 7.24 und 7.25, in der Lagerstätte verblieben sind, werden dann in den Außerbilanzvorräten weitergeführt, wenn die unter 4.77 angeführten Feststellungen (technisch nicht gewinnbar) nicht zutreffen und die Vorräte sich mit einem höheren, z. Zt. nicht vertretbaren wirtschaftlichen Aufwand gewinnen lassen oder die verbliebenen Konditionen nicht mehr den Bilanz-, wohl aber noch den Außerbilanzvorräten entsprechen.

8. Einstufung der Vorräte in die Vorratsklassen

Bei der Einstufung der Vorräte in die Vorratsklassen wird von der „Klassifikation der Lagerstättenvorräte fester mineralischer Rohstoffe"[11]) ausgegangen.
Ihre Bestimmungen werden auf Salzlagerstätten folgendermaßen angewendet:

8.1 Eine gesonderte Betrachtung der Vorratsklasse A_1 ist für die Kaliindustrie ohne praktische Bedeutung. Diese Vorräte werden in der Klasse A_2 ausgewiesen.

[10]) Z. angew. Geol., 3, H. 4, S. 189–191, Berlin 1957.

8.2 Zur Klasse A_2 gehören Vorräte, wenn sie eingehend erkundet, d. h. durch bergmännische Arbeiten an nicht weniger als drei Seiten begrenzt sind, die Lagerungsverhältnisse und Tektonik, die Qualitäten des Rohstoffes, die Verteilung der verschiedenen Rohstoffarten, die geologischen und hydrogeologischen Verhältnisse der Lagerstätte für die Aus- und Vorrichtung der Vorräte so erforscht und die technologischen Eigenschaften des Mineralrohstoffes so geklärt sind, daß das technische Projekt für die Weiterverarbeitung ausgearbeitet werden kann[11]).

8.21 Die Blockgrößen sind durch folgende Richtwerte gekennzeichnet (s. Pkt. 9 Tab. 1):

Typ I	500 × 500 m
Typ II	500 × 250 m[12])
Typ III	400 × 250 m

8.22 Bei den Lagerstätten Typ IV und V können durch die geologische Erkundung keine Vorräte der Klasse A_2 nachgewiesen werden.

8.23 Das Lager muß nach den Festlegungen dieser Instruktion bemustert sein.

8.3 Zur Klasse B gehören Vorräte, wenn sie hinreichend erkundet, d. h. durch bergmännische Arbeiten an nicht weniger als zwei Seiten begrenzt sind, die Lagerungsverhältnisse und die Grundzüge der Tektonik erforscht, die Qualitäten und Rohstoffarten bis auf Einzelheiten ihrer Verteilung für die Lagerstätte festgestellt sind, die hydrogeologischen Verhältnisse sowie geologischen Abbaubedingungen der Lagerstätte im allgemeinen geklärt, die technologischen Eigenschaften des Mineralrohstoffes soweit erforscht sind, daß die Wahl eines Schemas der Weiterverarbeitung gewährleistet ist.[11])

8.31 Die Blockgrößen sind durch folgende Richtwerte gekennzeichnet (s. Pkt. 9 Tab. 1):

Typ I	750 × 750 m
Typ II	750 × 250 m[12])
Typ III	600 × 400 m
Typ IV	400 × 250 m
Typ V	100 × 50 m

8.4 Zur Klasse C_1 gehören Vorräte, wenn sie weiträumig erkundet, d. h. durch ein weitmaschiges Netz von Bohrungen oder bergmännischen Arbeiten begrenzt sind, die Qualität des Rohstoffes und seine Arten, die allgemeinen geologischen und hydrogeologischen Verhältnisse der Lagerstätte in ihren Grundzügen erforscht, die Technologie der Weiterverarbeitung entweder auf Grund von Analysen bzw. Laboratoriumsprüfungen ordnungsgemäß entnommener Proben oder in Analogie zu erforschten Lagerstätten bestimmt ist. (Bei Außerbilanzvorräten kann die Technologie der Gewinnung oder der Verarbeitung noch unbekannt sein.)
Außerdem gehören hierzu Vorräte,
1. die an Vorräte der Klassen A_2 und B angrenzen, oder
2. Vorräte besonders komplizierter Lagerstättenteile, für die trotz eines engmaschigen Netzes von Erkundungsarbeiten die Verteilung der wertvollen Komponenten oder des Minerals nicht geklärt ist.

8.41 Die Blockgrößen sind durch folgende Richtwerte gekennzeichnet (s. Pkt. 9 Tab. 1):

Typ I	an bergmännische Auffahrungen zwischen 3 Aufschlüssen (Kernbohrungen bzw. Kombination von Kernbohrungen und bergmännischen Aufschlüssen);	1000 m 1500 m	seitlich Abstand
Typ II	an bergmännische Auffahrungen (im Streichen und im Fallen) zwischen 3 Aufschlüssen (s. unter Typ I)	500 m 1000 m	seitlich Abstand

[11]) „Klassifikation der Lagerstättenvorräte fester mineralischer Rohstoffe". Z. angew. Geol., 2, H. 10, S. 448–450, Berlin 1956.
[12]) Der größere Wert liegt in der Richtung der geringsten Veränderlichkeit. Sämtliche Entfernungen beziehen sich auf flache Längen.

Typ III an bergmännische Auffahrungen — 500 m seitlich
zwischen 3 Aufschlüssen — 800 m Abstand[13]
(s. unter Typ I)

Typ IV an bergmännische Auffahrungen — 250 m seitlich
durch Kernbohrungen
können bei Typ IV keine C_1-Vorräte nachgewiesen werden;

Typ V an bergmännische Auffahrungen — 100 m seitlich
(im Streichen und Fallen)
zwischen 3 Aufschlüssen — 200 m Abstand
(s. unter Typ I)

8.42 Die Vorräte müssen durch bergmännische Aufschlüsse an einer Seite (einfache seitliche Extrapolation) nachgewiesen sein.

8.43 Im Anschluß an Blöcke der Klassen A_2 und B sind Vorräte der Klasse C_1 zu extrapolieren, wenn die geologischen Voraussetzungen dazu erfüllt sind.

8.44 Bei den Typen I—III und V erfolgt die Ausblockung zwischen mindestens drei nicht auf einer Linie liegenden Kernbohrungen oder durch Kombination von Kernbohrungen (bei Typ V nur UT-Kernbohrungen) mit bergmännischen Aufschlüssen.

8.45 Bei Untersuchungen durch OT- und UT-Kernbohrungen muß die Darstellung des Lagers in Säulenprofilen, Diagrammen u. a. erfolgen.

8.46 Für die Beurteilung der geologischen Verhältnisse innerhalb eines Blockes sind auch die Untersuchungsergebnisse benachbarter Blöcke und der Charakter der gesamten Lagerstätte in Betracht zu ziehen.

8.5 Zur Klasse C_2 gehören Vorräte, wenn sie nach geologischen oder geophysikalischen Angaben vermutet und durch Bemusterung des Mineralrohstoffes in einzelnen Bohrungen o. a. Aufschlüssen bestätigt wurden oder an Lagerstättenteile mit Vorräten der Klassen A_2, B oder C_1 angrenzen. Mineralart und Güte des Rohstoffes müssen in neuen Lagerstätten durch Untersuchung einzelner Proben bestimmt sein. Im Anschluß an bekannte Lagerstätten können sie ebenso wie die allgemeinen geologischen und hydrogeologischen Verhältnisse der Lagerstätte auf Grund von Analogien angenommen bzw. theoretisch begründet werden. Die Technologie der Verarbeitung des Rohstoffes kann in Analogie zu ähnlichen Lagerstätten angenommen oder theoretisch begründet bzw. für Außerbilanzvorräte noch unbekannt sein[11]).

[13]) Dieser Wert gilt nicht für Lagerstätten, die nur durch OT-Bohrungen neu erkundet wurden.

8.51 Die Blockgrößen sind durch folgende Richtwerte gekennzeichnet:

Typ I an bergmännische Auffahrungen — 2500 m seitlich
zwischen 3 Aufschlüssen — 3000 m Abstand
(Kernbohrungen zw. Kombination von Kernbohrungen und bergmännischen Aufschlüssen)

Typ II an bergmännische Auffahrungen — 2500 m im Streichen, 1200 m im Einfallen (flache Länge)
zwischen 3 Aufschlüssen — 3000 m im Streichen
(s. unter Typ I) — 1200 m im Einfallen (s. o.)

Typ III an bergmännische Auffahrungen — 1800 m seitlich
zwischen 3 Aufschlüssen — 1800 m Abstand

Typ IV an bergmännische Auffahrungen — 1200 m seitlich
zwischen 3 Aufschlüssen — 1200 m Abstand
(bergmännische Aufschlüsse und UT-Kernbohrungen)

Typ V an bergmännische Auffahrungen — 200 m seitlich
(im Streichen und Fallen)
zwischen 3 Aufschlüssen — 300 m Abstand
(s. unter Typ IV)

8.52 Der Ausblockung sind mindestens drei nicht auf einer Linie liegende Kernbohrungen oder Aufschlüsse (Kernbohrungen kombiniert mit bergmännischen Aufschlüssen) zugrunde zu legen.

8.53 Bei Untersuchungen durch OT- und UT-Kernbohrungen muß die Darstellung des Lagers in Säulenprofilen, Diagrammen u. a. erfolgen.

8.54 Im Anschluß an Blöcke der Klassen A_2, B und nichtextrapolierte Blöcke der Klasse C_1 sind Vorräte der Klasse C_2 zu extrapolieren, wenn es die geologischen Verhältnisse gestatten. Die extrapolierten Entfernungen dürfen in der Regel bei Kernbohrungen die

Tab. 1. Richtwerte für Blockgrößen bzw. Abstände für die einzelnen Erkundungsaufschlüsse (in m)

Typ	Art der Erkdg.	A_2 i. Richt. d. Auff. / Abst. zw. d. Auff.	B i. Richt. d. Auff. / Abst. zw. d. Auff.	C_1 seitl. Extrapolation bzw. Entfernung zw. den Aufschlüssen	C_2 seitl. Extrapolation bzw. Entfernung zw. den Aufschlüssen
I	bergm. Auff. Bohrg.	500 × 500 –	750 × 750 –	1000 1500 bei 3 Aufschl.	2500 3000 bei 3 Aufschl.
II	bergm. Auff. Bohrg.	500 × 250 –	750 × 250 –	500 1000 bei 3 Aufschl.	2500 im Streichen 1200 im Einfallen*) (fl. Länge) 3000 im Streichen 1200 im Einfallen Abstand zw. 3 Aufschl.
III	bergm. Auff. Bohrg.	400 × 250 –	600 × 400 –	500 **) 800 bei 3 Aufschl.	1800 1800 bei 3 Aufschl.
IV	bergm. Auff. Bohrg.	– –	400 × 250 –	250 –	1200 1200 bei 3 Aufschl. (einschl. UT-Kernbohrg.)
V	bergm. Auff. u. Bohrg. (UT-Bohrg.)	– –	100 × 50 –	100 200 bei 3 Aufschl.	200 300 bei 3 Aufschl.

*) Sämtliche Entfernungen beziehen sich auf flache Längen
**) Dieser Wert gilt nicht für Lagerstätten, die nur durch OT-Bohrungen neu erkundet wurden.

Tab. 2. Zur Zeit werden in der DDR folgende Kali-Erzeugnisse produziert

Warennummer	Bezeichnung	Gehalte	
21 51 13 00	Kainit	12–16% K_2O	Kalirohsalze zur Verwendung in der Landwirtschaft und für den Export
21 51 17 00	Sylvinit-Kainit	16,1–20% K_2O	
21 51 23 00	Kalidüngesalze	38–42% K_2O	Kalifabrikate zur Verwendung in der Landwirtschaft, zur Weiterverarbeitung in der Industrie und für den Export
21 51 25 00	Kalidüngesalze	48–52% K_2O	
21 51 30 00	Emgekali	33–37% K_2O 14–16% $MgSO_4$	
	Kamex	38–42% K_2O 10–12% $MgSO_4$	
21 51 30 00	Magnakali	40% K_2O 15% $MgSO_4$ 0,1% B_2O_3	
21 51 51 00	Schwefelsaures Kali	48–52% K_2O	
21 51 57 00	Reformkali	26–30% K_2O 26 %$MgSO_4$ chlorarm	
21 51 41 00	Chlorkalium	50–54% K_2O	
21 51 45 00	Chlorkalium mind.	60,01% K_2O	
	Chlorkalium über	62% K_2O	

Tab. 3. Nebenprodukte der Kali- und Steinsalzindustrie

Warennummer	Bezeichnung	Gehalte
21 51 11 00	Carnallit	
21 51 91 00	Kieserit	etwa 72% $MgSO_4$
21 51 93 00	Borazit	
41 13 40 00	Natriumsulfid (Schwefelnatrium)	60–62% NaS
41 16 33 00	Natriumsulfat (Glaubersalz) kalziniert	96–98% Na_2SO_4
41 16 35 00	Kaliumsulfat	entspr. DAB-6
41 35 41 00	Natriumcyanat	98% NaCNO
41 63 15 00	Chlormagnesium	technisch rein
41 63 15 00	Chlormagnesium-Lauge	
41 63 17 00	Magnesiumsulfat kalziniert	93–95%$MgSO_4$
41 63 18 00	Magnesiumsulfat krist. (Bittersalz)	technisch rein 48% $MgSO_4$
41 71 21 00	Brom	mit max. 0,3%Cl
41 71 24 00	Bromsalze: Kaliumbromid K Br Natriumbromid NaBr Ammoniumbromid $(NH_3)Br$ Calciumbromid $CaBr_2$ Kaliumbromat KBrO Natriumbromat $NaBrO_3$	

für C_1-Vorräte in der Tab. 1 festgelegten Werte nicht überschreiten.

8.6 Für die Perspektivplanung des Industriezweiges sowie für die Durchführung geologischer Vorerkundungsarbeiten sind über die C_2-Vorräte hinaus „geschätzte“ C_2-Vorräte als perspektivische Vorräte, die sich auf geologisch begründete Annahmen, geophysikalische Meßergebnisse und einzelne Aufschlußpunkte stützen, anzugeben. Die geschätzten C_2-Vorräte sind als besondere Gruppe auszuweisen. Diese Vorräte werden von der ZVK nicht bestätigt, jedoch in der Bilanz gesondert geführt.

8.7 Die in Tabelle 1 angegebenen Blockgrößen bzw. Abstände zwischen den einzelnen Erkundungsarbeiten stellen Richtwerte dar und können bei entsprechender Begründung, besonders bei Steinsalzlagerstätten, unter- oder überschritten werden.

8.8 Die Einordnung der Vorräte in eine der vorgenannten Klassen ist von der Erfüllung aller für sie gestellten Bedingungen abhängig. Bei Nichterfüllung einer einzigen müssen die Vorräte in die entsprechend niedrigere Klasse eingereiht werden[10]).

Tab. 4. Die in der DDR handelsüblichen Salzprodukte sind folgende:

Warennummer	Bezeichnung	Gehalte	
21 56 41 00	Stein-Speisesalz		In verschiedener Mahlung als Siedesalz in verschiedener Körnung
21 56 51 10	Stein-Industriesalz		
21 56 61 00	Stein-Viehsalz	vergällt mit 1/10 % Eisenoxyd	
21 56 43 00			
21 56 44 00	Siede-Speisesalz		
21 56 53 30	Siede-Speisesalz (jodiert)		
21 56 53 20	Siede-Pökelsalz (nitriert)		
21 56 63 00	Siede-Industriesalz		
	Siede-Viehsalz	vergällt mit 1/10% Eisenoxyd	

Tab. 5. K_2O-Gehalte

Reines Kali-Mineral	Carnallit $KMgCl_3 \cdot 6 H_2O$	Kainit $KClMgSO_4 \cdot 3H_2O$	Langbeinit $K_2Mg_2 \cdot (SO_4)_3$	Polyhalit $K_2MgCa_2 (SO_4)_4 \cdot 2H_2O$	Sylvin KCl
K_2O-Gehalt in Gew.-%	16,95	18,91	22,69	15,61	63,17

8.9 Darstellung und Berechnung

8.91 Die Bemusterungsergebnisse sind in übersichtlicher Form in dem entsprechenden Rißwerk darzustellen. Die geologischen Schnitte sind nicht kleiner als im Maßstab 1 : 1000 darzustellen. Von Lagerstätten mit sehr gleichmäßigen Verhältnissen brauchen nur einige typische Profile angefertigt zu werden. Wechselhafte Lagerausbildung muß durch geologische Schnitte ausreichend belegt sein.

8.92 Die Berechnung der Vorräte der Klassen A_2 und B, bei übersehbaren Verhältnissen auch für C_1, muß in der Regel (s. Pkt. 4.73) für jede Rohstoffsorte gesondert erfolgen. Der Maßstab der Risse für die Berechnung der A_2, B und C_1-Vorräte darf nicht kleiner sein als 1 : 10000.

8.93 Die Berechnung der Vorräte der Klasse C_2 erfolgt summarisch ohne Einteilung der Rohstoffsorten unter der Bezeichnung „Kalisalze“. Sie kann auf Karten im Maßstab nicht kleiner als 1 : 25000 durchgeführt werden. Zur Begründung der geologischen Annahme über die Verbreitung dieser Vorräte sind Risse und Profile als Illustrationen notwendig.

8.94 Vertaubungen sind mit ihren vermuteten und nachgewiesenen Grenzen auf den Vorratsrissen darzustellen. Entsprechend den bei der Erkundung angetroffenen Verhältnissen sind die vertaubten Flächen planimetrisch oder mit dem linearen Vertaubungskoeffizienten zu ermitteln.

Bei zahlreichen kleinen, unregelmäßigen Vertaubungen ist ein allgemeiner Vertaubungskoeffizient aus dem Verhältnis: durch Abbau festgestellte, vertaubte Fläche zur durch Abbau aufgeschlossenen Gesamtfläche (der Lagerstätte, eines Feldes, Revieres usw.) zu ermitteln und bei den einzelnen Vorratsblöcken anzuwenden.

Der allgemeine Vertaubungskoeffizient ist mit entsprechender Begründung besonders bei durch Extrapolation ermittelten Vorräten anzuwenden.

9. Anhang (Tabellen 1–5)

Diese Instruktion tritt mit dem 20. Januar 1960 in Kraft.

Berlin, den 9. Januar 1960

Zentrale Vorratskommission für mineralische Rohstoffe

Ulbrich

Geschäftsführender Sekretär

Ergebnisse der Untersuchung und Bewertung von Kohlenvorkommen der USA in den Jahren 1949–1957[1)]

CHARLES E. WIER

In den Jahren 1949 bis 1957 sind in den Vereinigten Staaten von Nordamerika über 300 Veröffentlichungen erschienen, die sich mit stratigraphischen Untersuchungen und Zusammenstellungen der Kohlenvorräte befaßten. Die Kohlenvorkommen der USA wurden vorwiegend von dem U. S. Geological Survey, dem U. S. Bureau of Mines und den Geologischen Diensten der einzelnen Staaten untersucht. Das Bureau of Mines befaßte sich besonders mit der Untersuchung der Kokskohlen.

Tab. 1. Koks-Kohlenvorräte

Staat	Bezirke	Festgestellter Vorrat (measured + indicated) Mio short t	davon gewinnbar (recoverable) Mio short t
West-Virginia	11	26401	12179
Pennsylvania	11	17234	7587
Kentucky	6	11776	5171
Tennessee	13	1129	421
Maryland	1	556	152
Summe (unvollständig)	42	57096	25510

Es fehlen Alabama, Colorado, Ohio, Oklahoma, Utah u. Virginia.

Der U. S. Geological Survey hat gemeinsam mit den Geologischen Diensten der einzelnen Staaten die Kohlenfelder eingehend kartiert (in acht Jahren wurden fast 40 geologische Karten veröffentlicht) und neue Vorratsberechnungen durchgeführt, so daß seit der letzten Berechnung der Kohlenvorräte der USA im Jahre 1928 durch M. R. CAMPBELL vom U. S. Geological Survey die Kenntnisse über die Kohlenvorkommen wesentlich erweitert wurden (Tab. 2).

Bei seinen laufenden Vorratsberechnungen berücksichtigt der Geological Survey Flözmächtigkeit, Tiefenlage bzw. Deckgebirgsmächtigkeit, Erforschungsgrad und andere wichtige Faktoren. Der U. S. Geological Survey und das U. S. Bureau of Mines haben die Empfehlungen des National Bituminous Advisory Council durch Bestimmungen für die Berechnungen von Kohlenvorräten ergänzt.

Die Vorräte werden für jedes Kohlenflöz getrennt ermittelt. Dabei geht man von den Flächen der Gemeinden, Bezirke, Kohlenfelder oder anderen feststellbaren Flächen aus. Die Flözmächtigkeit der Steinkohlen wird in Klassen von 14—28 Zoll (35—71 cm), 28—42 Zoll (71—106 cm) und über 42 Zoll (über 106 cm) eingeteilt. Bei Glanzbraunkohlen (subbituminous coal) und Weichbraunkohlen (lignite) unterscheidet man auch $2^1/_2$—5 ft (0,76—1,53 m), 5—10 ft (1,53—3,05 m) und über 10 ft (über 3,05 m).

Die Tiefenlage gliedert man in folgende Stufen: 1—1000 ft (— 305 m), 1000—2000 ft (305—610 m) und 2000—3000 ft (610 bis 915 m). Tiefer als 3000 ft (915 m) werden keine Kohlenvorräte mehr berechnet. Bei oberflächennah liegender Kohle unterscheidet man zwischen Tagebau- und Tiefbaukohle. Für die Tagebaukohle hat man Klassen des Deckgebirges von 1—60 ft (— 18,3 m), 60—90 ft (18,3—27,5 m), 90—120 ft (27,5—36,6 m) und 120—150 ft (36,6—45,8 m) vorgesehen.

Die Vorratsberechnungen unterscheiden nach dem Erforschungsgrad 3 Klassen von Vorräten: measured, indicated und inferred (gemessen, angedeutet und vermutet). Diese sollen etwa den Klassen der proved, probable und possible (sicheren, wahrscheinlichen und möglichen) Vorräte entsprechen. Bei der Eingruppierung der Vorräte ist vor allem die Kenntnis über das Aushalten des Flözes ausschlaggebend.

Für measured Vorräte wird verlangt, daß sie ± 20% der tatsächlichen Menge angeben. Im allgemeinen arbeitet man mit einem Beobachtungsnetz von 1/2 Meile (rd. 800 m) Abstand. Blöcke werden 1/4 Meile (rd. 400 m) über den äußersten Beobachtungspunkt extrapoliert. Wenn weder Bohrungen noch bergmännische Aufschlüsse vorliegen, sondern nur ein kilometerlanger Ausbiß bekannt ist, werden die measured Vorräte als 1/2 Meile (rd. 800 m) breiter Streifen entlang des Ausbisses ausgeblockt.

Für indicated Vorräte wird ein Netz im Abstand von 1 Meile (rd. 1600 m) zugrunde gelegt. Bei Extrapolation ergeben sich indicated Vorräte um die Beobachtungspunkte in einem Abstand zwischen 1/4 bis 1/2 Meile (rd. 400—800 m) und schließen damit an die measured Vorräte an. Im Falle eines Ausbisses wird ein Streifen zwischen 1/2 bis 2 Meilen (rd. 800—3200 m) Breite ausgeblockt.

Inferred Vorräte sind am wenigsten gesichert. Sie werden nur veranschlagt, wenn nach geologischen Beobachtungen mit einem Aushalten des Kohlenflözes auf größere Entfernungen gerechnet werden kann. Bei wenig aushaltenden Flözen und gestörter Lagerung werden inferred Vorräte nicht angegeben.

In den Zusammenstellungen der Kohlenvorräte werden je nach dem Inkohlungsgrad verschiedene Kohlen-

Tab. 2. Kohlenvorräte einzelner Staaten

Staat	Jahr der Berechnung	Measured + indicated + inferred Vorräte Mio short t	Kohlenart
Alaska	1949	2286	Stein- und Braunkohle
Arizona	–	15000	Glanzbraunkohle
California	–	100	Stein- und Braunkohle
Colorado	1952	99450	Glanzbraunkohle, Steinkohle
Illinois	1950	137329	Steinkohle
Indiana	1951	35806	Steinkohle
Kansas	1950	20774	Steinkohle
Maryland	–	832	Steinkohle
Michigan	1950	220	Steinkohle
Montana	1949	221779	Steinkohle, Glanzbraunkohle und Weichbraunkohle
Neu-Mexiko	1948	61516	Glanzbraunkohle, Steinkohle
Nord-Carolina	–	110	Steinkohle
Nord-Dakota	1951	350768	Weichbraunkohle und Glanzbraunkohle
Ohio	1956	40000	Steinkohle
Oklahoma	1953	3245	Steinkohle
Oregon	1954	194	Weichbraunkohle, Glanzbraunkohle und Steinkohle
Süd-Dakota	1951	2031	Weichbraunkohle
Virginia	1952	11119	Steinkohle
Wyoming	1950	120753	Glanzbraunkohle, Steinkohle
		1123312	

[1)] Coal Stratigraphy and Resources Studies, 1949–1957. Econ. Geol., Vol. 54 (1959), S. 629 bis 665. Ref. von H. REH, Jena.

arten unterschieden. Diese Aufgliederung ist notwendig, da mit Zunahme der Inkohlung auch das spezifische Gewicht steigt. Man rechnet im allgemeinen mit folgenden Durchschnittswerten:

Anthrazit und Semianthrazit	2000 short t/acre-foot
Steinkohle (bituminous coal)	1800 ,, ,,
Glanzbraunkohle (subbituminous coal)	1770 ,, ,,
Weichbraunkohle, Lignit (lignite)	1750 ,, ,,

Bei den Berechnungen erhält man zunächst original reserves, d. h. geologische Vorräte der ursprünglichen Kohlensubstanz. Durch Abzug der infolge des Abbaus verlorenen Kohlenmengen berechnet man die remaining reserves, die noch vorhandenen Vorräte. Unter Berücksichtigung der Abbauverluste, die je nach der Abbaumethode, dem Grad der Vorrichtung und den Flözverhältnissen unterschiedlich sein können, veranschlagt man die gewinnbaren (recoverable) Vorräte. Sie betragen bei Tiefbaugruben im allgemeinen etwa 50% der geologischen Vorräte, bei Tagebauen 85% und mehr.

Zusammenfassende Berichte über Kohlenvorratsberechnungen in den USA veröffentlichten P. AVERITT & L. R. BERRYHILL in den Jahren 1950, 1952 und 1953 sowie C. G. BALL im Jahre 1954. In den Berechnungen des U. S. Geological Survey wurden Vorräte bis zu einer Teufe von 3000 ft (915 m) berücksichtigt und Mindestmächtigkeiten von 14 Zoll (35 cm) für Steinkohle und 30 Zoll (76 cm) für Weichbraunkohle zugrunde gelegt. Aus diesem Grunde weist der Bericht des Corps of Engineers für das Jahr 1952 nur 170 Milliarden t[2]) gewinnbare Kohlenvorräte auf, während der U. S. Geological Survey für 1953 Vorräte von 950 Milliarden t anführt. Der im Minerals Yearbook 1951 für 1950 aufgeführte Kohlenvorrat von

Millionen t	
2145	Anthrazit und Semianthrazit
1162000	Steinkohle
425000	Glanzbraunkohle
646000	Weichbraunkohle
2254450	Gesamtvorrat an Stein- und Braunkohle

liegt erheblich höher als die neuen Bewertungen. Es hat demnach den Anschein, daß neuere Untersuchungen frühere optimistische Schätzungen nicht voll bestätigt haben und daß man auf gewagte Extrapolationen verzichtet hat.

Mit aller Deutlichkeit zeigt sich, daß Vergleiche von Vorratsangaben für Kohlen nur dann einwandfrei möglich sind, wenn einmal angegeben wird, ob es sich um berechnete oder um geschätzte Vorräte handelt, zum anderen, welche Grenzwerte für die Mächtigkeit und Tiefenlage und welche Abstände für die Einstufung in die einzelnen Vorratsklassen zugrunde gelegt wurden. Außerdem ist natürlich auch eine genaue Charakteristik der Kohlenart erwünscht. (Tab. 3).

Tab. 3. In den Jahren 1954—1957 wurden gefördert

Jahr	Anthrazit, Steinkohle und Glanzbraunkohle Mio metr. t	Weichbraunkohle Mio metr. t	Kohle, insgesamt Mio metr. t
1954	379	2,0	381,0
1955	441,3	2,5	443,8
1956	477,61	2,7	480,31
1957	465	2,6	467,6

[2]) Mengenangaben in diesem Bericht im allgemeinen in short t = 2000 lbs = 0,907185 t

Für die einzelnen Staaten ergaben sich eine Reihe wichtiger Feststellungen (vgl. auch Abb.):

Alabama: Steinkohlen kommen am Südende der Appalachen in den Warrior-, Cahaba-, Coosa- und Plateau-Feldern vor, und zwar ist die Pottsville-Serie des Pennsylvanian kohleführend. Im Süden des Staates tritt noch etwas Weichbraunkohle in tertiären Schichten auf. Das Warrior-Feld enthält die wichtigsten Vorräte an Kokskohle. Um diese schonen zu können, wurde der nordöstliche Teil des Coosa-Felds näher untersucht. In den obersten 600 m der insgesamt 1700 m mächtigen Pottsville-Serie kommen etwa 20 Flöze vor, von denen 14 bauwürdig sind.

Alaska: Hier wurden verstreut alle Arten Kohle vom Anthrazit bis zur Braunkohle in karbonischen bis tertiären Schichten festgestellt. Gegenwärtig haben die Tertiärkohlen im südlichen Teil des Matanuska Valley-Kohlenfeldes, das Nenana- und das Bering River-Kohlenfeld besonderes Interesse gefunden. Das Matanuska-Feld enthält in der 1500 m mächtigen tertiären Schichtenfolge 102 Mio t Steinkohlen und auch Glanzbraunkohlen. Im Nenana-Feld wurden 95 Mio t im Tagebau gewinnbare Braunkohlen festgestellt.

Arizona: Außer etwas Steinkohle in dem Deer Creek-Feld und im Apache-Bezirk im äußersten Nordosten des Staates kommen Glanzbraunkohlen in den Black Mesa-, Pinedale- und Gallup-Kohlenfeldern vor. Die im allgemeinen schwachen (unter 35 cm) Flöze treten im Dakota-Sandstein, der Mesaverde-Gruppe oder den Mancos-Schiefern der Kreide auf. Lediglich im Black Mesa-Feld erreichen die Glanzkohlenflöze bis zu 3 m Mächtigkeit. Die Kohlenvorräte von über 15000 Mio t liegen fast ausschließlich in diesem Revier.

Arkansas: Das Arkansas-Kohlenfeld ist 137 km lang und 64 km breit. Es liegt im Westen des Staates und gehört zum südlichen Teil des Westlichen Inneren Beckens. Es enthält magere Steinkohlen in Schichten des Pennsylvanian. Kleine Vorkommen von lignitischer Braunkohle im östlichen Arkansas werden nicht abgebaut.

Californien: Es werden 100 Mio t Vorräte an Weichbraunkohle, Glanzbraunkohle und Steinkohle in Schichten der Kreide, des Eozän und des Miozän veranschlagt.

Colorado: Etwa 24% der Fläche dieses Staates enthalten Kohlen in einzelnen Becken. Da die Kohle im Innern dieser Becken in größeren Tiefen lagert, haben sich die Erkundung und der Abbau nur auf die Ränder erstreckt. Die Kohlen sind Glanzbraunkohlen bis Anthrazit. Sie kommen in Schichten der Oberkreide und des Alttertiär vor. Untersuchungsarbeiten im Coal Creek-Distrikt und südlich von Dry Fork des Minnesota Creek im Bezirk Gunnison ergaben drei bis sechs Flöze mit gasreicher Steinkohle in der Mesaverde-Gruppe der Oberkreide. Für drei Flöze des Coal Creek-Feldes wurden 121 Mio t guter Kokskohle berechnet. Im Dry Fork-Feld konnten 781 Mio t einer weniger guten Kokskohle festgestellt werden.

Weitere Untersuchungen wurden den Kohlen in den Bezirken von Las Animas und Huerfano gewidmet, die meistens in den Vermejo-Schichten der Oberkreide, teilweise auch in den Raton-Schichten des Paläozän auftreten. Im La Veta-Feld des Huerfano-Bezirks wird gasreiche Steinkohle mit einer mittleren Mächtigkeit von 2,1 m gewonnen. In den Bezirken Ruott und Moffat, NW-Colorado, kommen Stein- und Glanzbraunkohlen meistens in der Mesaverde-Gruppe, einige Flöze auch in den Lance-Schichten der Oberkreide und der Fort Union-Gruppe des Paläozän vor. Wo die Kohlenflöze von mächtigen Basaltergüssen überlagert werden, ist lokal auch Anthrazit und Semianthrazit entstanden. Im südwestlichen Colorado treten Steinkohlen im Dakota-Sandstein, den Menefee-Schichten der Mesaverde-Gruppe und den Fruitland-Schichten der Kreide auf.

Bei der 1952 beendeten Vorratsberechnung der Kohlenvorräte in Colorado wurden nur 13700 km² oder 20% der von Kohlen unterlagerten Fläche bewertet. Die Berechnungen erstreckten sich auf die kartierten und erkundeten Randgebiete bis etwa 9,6 km oder weniger vom Ausbiß und bis zu Tiefen von weniger als 915 m. Von den berechneten 100408 Mio t waren 9437 Mio t Glanzbraunkohle, 90258 Mio t Steinkohle und 713 Mio t Anthrazit und Semianthrazit. Nach Abzug von 958 Mio t abgebauter und als Abbauverlust zu rechnender Kohle verbleiben noch 99450 Mio t.

Idaho: Nur geringe Vorräte an Weichbraunkohle, Glanzbraunkohle und Steinkohle sind festgestellt worden. Sie

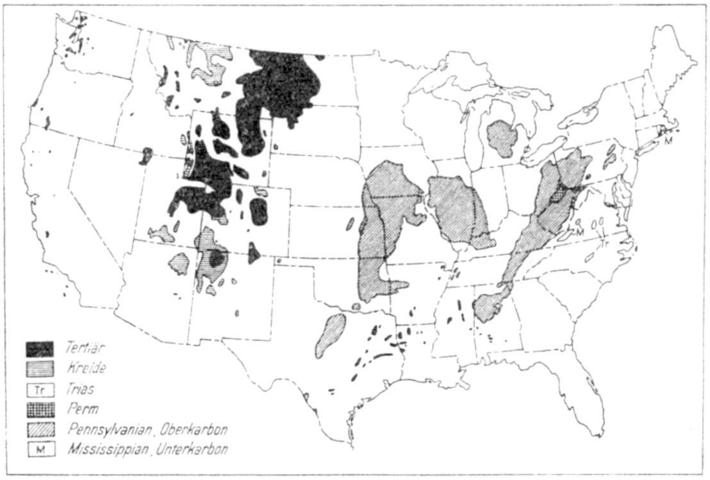

Kohlenvorkommen in den USA

liegen in Schichten der Kreide und des Tertiär. Eine gewisse Bedeutung hat der Horseshoe-Distrikt im Goose Creek-Feld erlangt, in dem seit 1903 etwa 100000 t Kohle gefördert worden sind. In den Frontier-Schichten der Oberkreide kommt Glanzbraunkohle bis Steinkohle in Mächtigkeiten von wenigen dm bis zu 3 m vor. Uranhaltige Kohle ist in den Bear River-Schichten der Unterkreide im Fall Creek-Gebiet des Bezirks Bonneville festgestellt worden.

Illinois: Die Kohlevorkommen von Illinois liegen im Östlichen Inneren Becken, das sich noch bis nach SW-Indiana und W-Kentucky erstreckt. Die Kohlen liegen im Pennsylvanian, dessen 790 m mächtige Schichtenfolgen von unten nach oben in die Caseyville-, Tradewater-, Carbondale- und Mc Leansboro-Gruppen eingeteilt werden. Die wichtigsten der 50 Flöze gasreicher Steinkohle liegen in den mittleren 210 m, meistens in der Carbondale-Gruppe, zum geringen Teil in den angrenzenden Schichten.

Seit 1949 hat der Illinois Geological Survey durch Auswertung der Ergebnisse von Erdölbohrungen eingehend die Lagerungsverhältnisse in SE-Illinois studiert. Als Leithorizonte erwiesen sich vor allem das Herrin-Flöz (Nr. 6) und der darüber folgende Herrin-Kalk. Die Diskordanz zwischen dem Mississippian und dem Pennsylvanian wurde eingehend untersucht.

1952 ergab eine Bewertung von 21 Flözen einen Vorrat von 137329 Mio t. Vier Flöze (Nr. 6, 5, 2 und 7) enthalten über 90% dieses Vorrats. Es laufen noch Untersuchungen über die Vorräte an Tagebaukohle bei Mächtigkeiten der Flöze über 46 cm und des Deckgebirges unter 45 m.

Indiana: Das zum Östlichen Inneren Becken gehörige Kohlenvorkommen enthält gasreiche Steinkohlen in einer Schichtenfolge des Pennsylvanian, die von unten nach oben in die Pottsville-, Allegheny- und Conemaugh-Schichten gegliedert werden.

Seit 1950 hat der Indiana Geological Survey die Kohlenfelder eingehend kartiert. 1953 wurde eine Vorratsberechnung durchgeführt, die 35806 Mio t Steinkohle ergab, wovon 3524 Mio t, d. h. weniger als 10%, im Tagebau abgebaut werden können. Es ist bemerkenswert, daß gegenwärtig rund 75% der Produktion im Tagebau gewonnen werden.

Kansas: Alle in Kansas zur Zeit gewonnenen Kohlen liegen im Westlichen Inneren Becken und gehören in das Pennsylvanian. Die wichtigsten Felder sind das Southeastern Kansas-, das Osage- und das Levenworth-Feld. Auch in permischen und kretazischen Schichten ist Kohle festgestellt und früher auch gewonnen worden. 46600 km² werden von mindestens 53 Flözen von Weichbraunkohle bis gasreicher Steinkohle unterlagert.

An permischen Kohlen wurden im Bezirk Wabannsee 13 Mio t Steinkohle festgestellt, wobei Kohle über 76 cm und ein Flöz von im Mittel 33 cm Stärke eingeschlossen sind. Bisher wurden nur 10000 t abgebaut. In den Dakota-Schichten der Kreide wurden bei Flözmächtigkeiten von 30—91 cm 198 Mio t Weichbraunkohle berechnet. Über 300000 t wurden bereits abgebaut.

Kentucky: Im östlichen Kentucky lagern Kohlen im Appalachischen Kohlenfeld, während im westlichen Teil des Staates das Östliche Innere Becken liegt. Beide Felder enthalten im allgemeinen gasreiche Steinkohlen des Pennsylvanian; im östlichen Kentucky treten auch Kokskohlen auf.

Maryland: Im westlichen Teil des Staates sind 1030 km² kohlenführend. Im wesentlichen lagert die Kohle des Pennsylvanian in fünf zum Appalachischen Gebiet gehörigen Teilbecken: Georges Creek-, Upper Potomac-, Castleman-, Upper und Lower Youghiogheny-Becken. Infolge Erschöpfung der Kohlenvorräte in den Pittsburg- und Sewickley-Schichten des Georges Creek-Beckens und in dem Upper Freeport-Flöz des Upper Potomac-Beckens geht die Förderung seit 1926 langsam zurück.

Durch Diamantbohrungen wurden im Georges Creek- und Upper Potomac-Becken der Bezirke Allegany und Garret noch zehn Flöze mit über 46 cm Mächtigkeit nachgewiesen, die einen Vorrat von 600 Mio t ergaben. In dem bisher noch wenig untersuchten Castleman-Becken wurden in den Conemaugh-Schichten fünf durchgehende Flöze und in den Allegheny-Schichten sechs Flöze festgestellt. Für sechs Flöze mit Mächtigkeiten über 35 cm wurden 232 Mio t Steinkohle mit geringen und mittleren Gehalten an flüchtigen Bestandteilen berechnet.

Michigan: Im östlichen Michigan-Kohlenbecken sind 30000 km² kohlenführend. Die Saginaw-Schichten des Pennsylvanian enthalten in Ausdehnung und Mächtigkeit sehr wechselnde Flöze gasreicher Steinkohle. Die gegenwärtige Produktion ist unbedeutend, obwohl bisher 46 Mio t gefördert wurden. Infolge der wechselnden Flözverhältnisse war die Vorratsbewertung sehr schwierig. Die Berechnung wurde nur für einen kleinen Teil des Beckens durchgeführt.

Ein bemerkenswerter Fund einer ältesten Kohle wurde in den Michigamme-Schichten des Huron (Algonkium) im Jahre 1949 im Iron River-Distrikt gemacht. Diese anthrazitische, teilweise graphitische Kohle liegt linsenförmig in schwarzen Schiefern. Wahrscheinlich handelt es sich um eine Algenkohle.

Missouri: Der nordwestliche Teil dieses Staates wird von dem Ostteil des Westlichen Inneren Beckens eingenommen, in dem Kohlen des Pennsylvanian mit flachem Fallen nach NW lagern. Es kommen Glanzbraunkohlen bis gasreiche Steinkohlen mit Mächtigkeiten von unter 30 bis über 180 cm vor. Von den 25 bekannten Flözen sind bisher nur 17 bebaut worden.

In den Bezirken Carroll und Livingston wurden zwei bauwürdige Flöze auskartiert. Für das Croweburg-Flöz wurde ein Tagebau-Vorrat von 1,7 Mio t mit weniger als 9,2 m Deckgebirge festgestellt. Eine Reihe stratigraphischer Arbeiten dient der Korrelation mit der neuen in Iowa, Kansas und Nebraska eingeführten Schichtengliederung.

Montana: Die ausgedehnten Kohlenfelder dieses Staates nehmen 133000 km² in den Great Plains und den Northern Rocky Mountains ein. Über 90% der Kohlenvorräte liegen in den Fort Union-Schichten des Paläozän. Der Rest findet sich in den Tullock- und Wasatch-Schichten des Tertiär, den Kootenai-Schichten der Unterkreide und dem Eagle-Sandstein, den Judith River- und Hell Creek-Schichten der Oberkreide. Nach Nord-Dakota ist Montana der kohlenreichste Staat. Die 1949 festgestellten Vorräte von 222046 Mio t bestehen aus 87533 Mio t Weichbraunkohle, 132151 Mio t Glanzbraunkohle und 2362 Mio t Steinkohle. Nach Abzug der Abgänge durch Abbau verbleiben 221779 Mio t. In großen Zügen lagert die Weichbraunkohle im Osten und die Steinkohle am Westrand des nördlichen zentralen Teiles.

Außer ausgedehnten Erkundungsarbeiten und Kartierungen wurden auch Untersuchungen von Kreidekohlen sowie von tertiären Kohlen und Kohlenschiefern auf Uran durchgeführt.

Neu-Mexiko: In verschiedenen Kohlenfeldern sind ungefähr 38000 km² kohlenführend. Von den bedeutenderen Feldern liegt das Raton-Feld am Rande der Great Plains, das San Juan River-Feld im Colorado-Plateau, während kleinere Felder in den südlichen Rocky Mountains und der anschließenden Basin- and Range-Provinz eingeschaltet sind. Die Kohleführung erstreckt sich von Schichten des Pennsylvanian bis zum Tertiär, vorwiegend jedoch auf die Oberkreide und das Paläozän. Die größte Menge ist Glanzbraunkohle, jedoch kommen auch höher inkohlte Kohlen bis zum Anthrazit vor.

Von den 1948 festgestellten Kohlenvorräten von 61516 Mio t waren 82% Glanzbraunkohlen, der Rest im wesentlichen Steinkohlen, lediglich 6 Mio t Anthrazit. Kokskohlen von Cerillos im Bezirk Santa Fé ergaben weniger guten Koks als die Sunnysidekohlen aus Utah.

Nord-Carolina: 390 km² dieses Staates sind kohlenführend. In schmalen NO gestreckten Becken liegt kohlenführende Trias. Das größte dieser Becken und das einzige mit bauwürdiger Kohle ist das Deep River-Becken. Es enthält Steinkohle, im westlichen Teil auch Anthrazit. Die Vorräte werden auf 110 Mio t veranschlagt, wovon über 90% in dem 90—120 cm mächtigen Cumnock-Flöz enthalten sind.

Nord-Dakota: Der westliche Teil dieses Staates wird von Weichbraunkohle in einer Fläche von 90000 km² unterlagert, die in westlicher Richtung in die Glanzbraunkohle des Staates Montana übergeht. Die meisten und mächtigsten Flöze sind den Tongue River-Schichten der Fort Union-Gruppe des Paläozän eingeschaltet. Einige geringmächtige Flöze kommen auch in den Ludlow-Schichten der Fort Union-Gruppe und im Südwesten des Staates in den Hell Creek-Schichten der Oberkreide vor, etwas Weichbraunkohle ist auch in den Golden Valley-Schichten des Eozän und den White River-Schichten des Oligozän festgestellt worden. Die einzelnen Flöze schwanken von wenigen cm bis zu 12 m Mächtigkeit.

Die Kohlenvorräte von 350768 Mio t sind für 80% der gesamten kohlenführenden Fläche berechnet worden, das sind 72500 km², in denen die Braunkohle über 75 cm Mächtigkeit erreicht. Einige Braunkohlenvorkommen in der Fort Union-Gruppe sind auf Uranführung untersucht worden.

Ohio: Im östlichen Teil dieses Staates lagern Steinkohlen auf einer Fläche von 32000 km² im Appalachen-Gebiet. Das Pennsylvanian wird in die Pottsville-, Allegheny-, Conemaugh-, und Monongahela-Serien eingeteilt, die sämtlich kohlenführend sind. Die Allegheny-Serie enthält über die Hälfte der Kohlenvorräte in Ohio, nur etwa 1% sind permische Kohlen.

Vorratsberechnungen für die 13 wichtigsten Flöze ergaben einen Kohlenvorrat von 40000 Mio t. Zahlreiche stratigraphische Untersuchungen wurden darüber hinaus vom Ohio Geological Survey veröffentlicht.

Oklahoma: Fast 39000 km² im östlichen Teil dieses Staates werden von Steinkohlen unterlagert, die in den Des Moines- und Missouri-Serien des Pennsylvanian eingeschaltet sind. Sie sind ein Teil des Westlichen Inneren Beckens, das sich nach Osten nach Arkansas und nach Norden nach Kansas fortsetzt. Darüber hinaus kommen noch im Bezirk Carter etwas Steinkohle und im Westen ein geringmächtiges unreines Braunkohlenflöz in Kreideschichten des Bezirks Cimarron vor.

1953 wurden die Kohlenvorräte zu 3245 Mio t berechnet. Davon waren 65% gasreiche Steinkohlen, 13% mittelflüchtige und 22% niedrigflüchtige Kohlen. Im südöstlichen Teil des Kohlenfeldes werden Kokskohlen gefördert.

Im Lake Classen-Gebiet wurden fünf orogenetische Zyklen erkannt, die im Mittel-Pennsylvanian beginnen und im Perm oder später enden.

Oregon: Auf einer Fläche von 1550 km², von denen etwa 75% im südwestlichen Teil des Staates liegen, kommen tertiäre Kohlen vor. Das wichtigste Feld ist das Coos Bay-Feld, das eozäne Weich- und Hartbraunkohle sowie etwas Steinkohle enthält. Das Hauptflöz ist 1,2 bis 2,4 m mächtig.

Mangels geeigneter Unterlagen erstreckt sich eine Vorratsberechnung des Coos Bay-Feldes, die 66 Mio t vorwiegend Glanzbraunkohle angibt, auf nur etwa 28 km² Fläche.

Pennsylvania: Im Gebiet der Appalachen führen 39000 km² Kohlen des Pennsylvanian. Mit Ausnahme einer kleinen Menge von Anthrazit im Osten handelt es sich im wesentlichen um Steinkohle.

In diesem wichtigen Kohlengebiet sind eingehende Kartierungsarbeiten durchgeführt worden. Für 11 Bezirke des südwestlichen Pennsylvania wurden Vorräte (measured + indicated) an Kokskohlen über 35 cm Mächtigkeit in Höhe von 17234 Mio t berechnet.

Süd-Dakota: Im NW dieses Staates führen 20000 km² flach lagernde Weichbraunkohle. Die meisten mächtigeren Flöze finden sich in den Ludlow-Schichten der Fort Union-Gruppe des Paläozän, in geringerem Maße in den Tongue River-Schichten der gleichen Gruppe sowie in den Hell Creek-Schichten der Oberkreide. Ein sehr kleines Vorkommen einer gasreichen Steinkohle liegt in der SW-Ecke des Staates an der Basis des Lakota-Sandsteins der Inyan Kara-Gruppe der Unterkreide.

Kartierungsarbeiten wurden in großem Ausmaß durchgeführt. Besondere Aufmerksamkeit wurde den uranführenden Kohlen im Bezirk Perkins gewidmet.

Tennessee: Im östlichen Teil des Staates werden im Gebiet der Appalachen 41500 km² von Steinkohlen des Pennsylvanian unterlagert. Darüber hinaus kommen noch kleine verteilte Vorkommen tertiärer Weichbraunkohle im äußersten Westen des Staates vor.

Texas: Dieser Staat führt Kohlen in drei verschiedenen Gebieten. Im mittleren Norden lagern im Pennsylvanian Glanzbraunkohlen bis Steinkohlen. Im Osten des Staates enthält das Eozän Weich- und Hartbraunkohle. Im Gebiet des Eagle-Passes findet sich Glanzbraunkohle der Oberkreide, die sich über den Rio Grande bis nach Mexiko erstreckt.

Virginia: Drei weit auseinander liegende Gebiete werden in einer Fläche von 4900 km² von Kohlen unterlagert. Das Südwest-Feld, das etwa 97% der Kohlenvorräte des Staates enthält, führt Gas- bis Magerkohlen in der Pottsville-Serie des Pennsylvanian. Im Valley-Feld tritt in den Price-Schichten des Mississippian meistens Semianthrazit auf. Im Ost-Feld finden sich gasarme Steinkohlen und wenig Semianthrazit in den Newark-Schichten der Obertrias.

In den Kohlenvorräten von 11119 Mio t sind 97% Steinkohle und 3% Semianthrazit enthalten. Die Trias-Kohlen des Ost-Feldes sind noch nicht berechnet worden.

Washington: In fünf kleinen Feldern, die sich im Westen dieses Staates in nördlicher Richtung hinziehen, liegen Weichbraunkohle bis Anthrazit zumeist in eozänen Schichten.

West-Virginia: Fast der gesamte Staat ist von kohlenführenden Schichten unterlagert. Steinkohlen treten in allen Schichtengruppen des Pennyslvanian und in den Dunkard-Schichten des Perm auf.

Wyoming: Dieser Staat enthält zehn große Kohlenvorkommen, die eine Fläche von 104000 km² bedecken. Sie liegen in Schichten von der Unterkreide bis zum Eozän. Die bedeutendsten Flöze sind der Schichtenfolge von der Mesaverde-Gruppe der Oberkreide bis zur Wasatch-Gruppe des Eozäns eingeschaltet. Mit Ausnahme von geringen Mengen Weichbraunkohle im NE-Teil des Powder River-Beckens handelt es sich im wesentlichen um Glanzbraunkohle und etwas gasreiche Steinkohle. Die Steinkohle ist auf Flöze in den Frontier-Schichten der Oberkreide im Hams Fork-Gebiet beschränkt.

Bei der Vorratsberechnung konnten 53% des voraussichtlich kohlenführenden Gebiets infolge mangelnder Unterlagen nicht berücksichtigt werden. Es ist anzunehmen, daß bei weiterer Kartierung und Erkundung noch zusätzliche Kohlenvorräte festgestellt werden können. 1950 wurde ein Kohlenvorrat von 120754 Mio t berechnet, wovon etwa 90% auf Glanzbraunkohle einschließlich einer geringen Menge Weichbraunkohle und 10% auf Steinkohle entfallen. Schichten des Pennsylvanian und des Unterperm enthalten in Wyoming keine Kohlen.

Andere Staaten: Weitere Kohlenvorkommen sind noch in mindestens 8 Staaten zu finden.

Beispielsweise führen im nordwestlichen Georgia in einem Gebiet von etwa 415 km² die Pottsville-Schichten Steinkohle und etwas Semianthrazit.

Im südlichen Teil von Iowa liegt das Westliche Innere Becken.

In Louisiana und Mississippi ist tertiäre Weichbraunkohle bekannt.

Im südöstlichen Nebraska treten im Westlichen Inneren Becken Kohlen auf.

Nevada hat verteilt einige Vorkommen von tertiärer Weichbraunkohle. Darüber hinaus kommt noch etwas Steinkohle in Wechsellagerung mit Tuffen, Bentonit und Schiefern vor.

In Rhode Island findet sich graphitischer Anthrazit in Schichten des Mississippian. Bergbauversuche sind wieder eingestellt worden.

Die zwei bedeutenden kretazischen Kohlenvorkommen Utahs wurden im wesentlichen vor 1949 untersucht. Im Uinta-Becken lagern Steinkohlen im unteren Teil der Mesaverde-Gruppe der Oberkreide. Im Südwesten des Staates treten Steinkohlen bis Semianthrazit auf.

Schlußfolgerungen: Für eine Bewertung und Berechnung der Kohlenvorräte hat sich als größter Mangel das Fehlen brauchbarer lithologischer und stratigraphischer Angaben über die Kohlenflöze und über charakteristische Schichtglieder in den tieferen Teilen der Becken ergeben. Gut bekannt sind die Lagerungsverhältnisse nur in den durch den Bergbau erkundeten und abgebauten Feldesteilen. Aus wirtschaftlichen Gründen sind das nur die Gebiete, in denen die Kohle oberflächennah liegt oder anderweitig günstig gelagert ist und größte Mächtigkeit und beste Qualität zeigt. Diesem Mangel an Information wird durch Niederbringen von Diamantbohrungen abzuhelfen versucht. Obwohl auch diese je nach dem Abstand und den jeweiligen Lagerungsverhältnissen nur gelegentliche Informationen bringen, lassen sie doch eine Beurteilung der vermuteten Vorräte zu. In zunehmendem Maße wird Wert auf die Feststellung der physikalischen und chemischen Beschaffenheit der Kohlen, der Art und Verteilung der Verunreinigungen, der Mächtigkeiten und Eigenschaften der Kohlen im Verhältnis zu der Entwicklung der einschließenden Sedimente gelegt. Beispielsweise wird versucht, den Einfluß unterlagernder Tone mariner oder nichtmariner Entstehung oder auch mariner oder terrestrer Dachschichten zu erkennen.

Die Untersuchungsarbeiten der Jahre 1949—1957 haben die Erkenntnisse über die Lagerungsverhältnisse in den Kohlenbecken erheblich weitergebracht, aber bei weitem noch nicht alle Probleme gelöst. Es wird noch ausgedehnter Kartierungs- und Erkundungsarbeiten bedürfen, um ein klares Bild von den zu erwartenden Kohlenvorräten der USA zu bekommen.

Ganz allgemein bestätigt sich die Erfahrung, daß Vorratsangaben nur dann brauchbar und mit anderen vergleichbar sind, wenn die Grundlagen der Berechnung bekannt und die Vorstellungen erläutert sind, die einer Schätzung der höffigen Vorräte zugrunde liegen. Die Voraussetzung für eine einwandfreie Ermittlung der Kohlenvorräte der Welt wäre eine internationale Übereinkunft über eine zweckmäßige Vorratsklassifikation mit einer genauen Definition der Begriffe und einer Festlegung der Grenzwerte für die einzelnen Kohlenarten und Vorratsklassen. Am ehesten erscheint eine Einigung über geologische Vorräte möglich, wenn die Frage der Bauwürdigkeit zunächst nur in großen Zügen mit dem Vorhandensein gekoppelt wird. Außerdem wird sich die Bewertung der Vorräte nach den beiden Gruppen der bergbaulichen (Bilanz-)Vorräte und der potentiellen (Außerbilanz-)Vorräte zweckmäßig erweisen.

Zusammenfassung

Die Vorratsberechnungen von Kohlen, die in den Jahren 1949—1957 von dem U. S. Geological Survey, dem U. S. Bureau of Mines und den Geologischen Diensten durchgeführt wurden, berücksichtigen neben anderen wichtigen Faktoren vor allem Flözmächtigkeit, Tiefenlage bzw. Deckgebirgsmächtigkeit und Erforschungsgrad. Für die einzelnen Staaten der USA werden interessante Angaben über Kohlenvorkommen, Alter und Art der Kohlen sowie über Vorräte und Lagerungsverhältnisse veröffentlicht.

Резюме

В подсчетах запасов углей, произведенных в период от 1949—1957 гг. U. S. Geological Survey, U. S. Bureau of Mines и геологическими службами, обращают внимание наряду с другими важными факторами особенно на мощность пласта, глубину залегания, т. е. мощность кровли и степень исследования. Для отдельных штатов США опубликуются интересные данные об угольных залежах, о возрасте и виде углей, а также о запасах и условиях залегания.

Summary

In addition to other important factors, seam thickness, position in depth and thickness of the overburden respectively, as well as degree of investigation are above all considered in coal reserve calculations carried out by U. S. Geological Survey, U. S. Bureau of Mines and Geological Services. Interesting information is given about coal occurrences, age and kinds of coal as well as reserves and structural features in the separate American States.

Ergebnisse einiger Bohrungen im Gebiet des Steinkohlenvorkommens Schönfeld (Osterzgebirge)

LUDWIG WOLF, Freiberg (Sa.)

Einführung

Um Verbreitung, Lagerungsverhältnisse und Flözführung der Oberkarbonsedimente von Schönfeld zu erkunden, wurden im Auftrage der Staatlichen Geologischen Kommission in den Jahren 1957/58 im Raume Schönfeld (Osterzgebirge) fünf Tiefbohrungen niedergebracht.

Das Schönfelder Oberkarbonvorkommen liegt im Bereich der Erzgebirgsbrachiantiklinale, die wahrscheinlich im Westfal B stellenweise schon so stark denudiert war, daß sich steinkohlenführende Sedimente bilden konnten. Eine genaue stratigraphische Einordnung dieser Ablagerungen war bisher nicht möglich. GOTHAN (1932) hält jedoch auf Grund paläontologischer Vergleiche eine Altersgleichheit des Schönfelder Karbons mit dem von ihm dem Westfal B (oder älteres Westfal C) zugerechneten Flöhaer Karbon für nicht ausgeschlossen.

Die Unterlage der Schönfelder Steinkohlenablagerungen bilden kristalline Schiefer der Altenberger Scholle, an deren tektonischen Grenzen verschiedene Porphyre aufstiegen; z. B. der Teplitzer Quarzporphyr, der dem Karbon bei Schönfeld deckenförmig auflagert (SUESS 1903, v. SEIDLITZ 1926, MOESTA 1928, SPENGLER 1949).

Das Schönfelder Oberkarbon gliedert sich durch einen deckenförmig eingelagerten Quarzporphyr, den sogenannten älteren Quarzporphyr, in eine vor- und eine nachporphyrische Stufe, wobei nur letztere Steinkohlenflöze führt.

Bergbau ging in Schönfeld mit einigen Unterbrechungen von ~1750—1937 um. Es wurden die beiden mittleren Flöze (Haupt- und Jakoberflöz) abgebaut, während das hangende und liegende Flöz (Walthersches Flöz, Römersches Lager) unbauwürdig waren.

In einem Gutachten von 1938 (POLLAK 1938) heißt es: „Die Mächtigkeit der durch den Bergbau nachgewiesenen Kohlenflöze ist außerordentlich schwankend. In dem alten Schrifttum werden dieselben für das Hauptflöz mit 0,25—2 m, für das Jakoberflöz mit 1—4 m angegeben. In den derzeitigen Aufschlüssen zeigen die Kohlenflöze eine wesentlich geringere Mächtigkeit, die etwa zwischen 10 cm und 1 m schwankt. Auf größere Erstreckung sind die Flöze vollkommen verdrückt und überhaupt nicht entwickelt." An anderer Stelle: „Innerhalb der derzeitigen Grubenbaue sind aufgeschlossene und vorgerichtete Kohlenflöze überhaupt nicht vorhanden. Über die möglichen Kohlenvorräte im Grubenfeld lassen sich bei der außerordentlichen Unregelmäßigkeit in der Ausbildung des Vorkommens kaum Angaben machen."

Das ehemalige Abbaugebiet (Abb. 1) erstreckt sich als 200—250 m breiter Streifen etwa vom NE-Ausgang des Dorfes Schönfeld bis ungefähr 650 m südlich davon.

Beschreibung der vorkommenden Gesteine

Der ältere Quarzporphyr

In der grüngrauen, mikrofelsitischen Grundmasse des älteren Quarzporphyrs treten als Einsprenglinge Orthoklas, Plagioklas, wenig hellgrauer bis dunkelgrauer Quarz und selten winzige Biotitschüppchen auf.

Die nachporphyrische Stufe

Die Ablagerungen der nachporphyrischen Stufe bestehen aus einer Folge von Gneiskonglomeraten mit Arkosesandsteinen und Porphyrtuffen mit Kohlesandsteinen, Schiefertonen und Steinkohlenflözen.

Die Basis der nachporphyrischen Stufe bildet ein Gneiskonglomerat. Ähnlich dem Konglomerat der unteren Stufe beteiligen sich vorwiegend Gneise am Aufbau. Außerdem treten, zum Teil recht häufig, Gerölle des älteren Quarzporphyrs auf. Der Durchmesser der Gerölle schwankt zwischen 0,5 cm und 0,50 m, einzelne Gerölle erreichen eine Größe von mehr als 1 m³. Ein großer Teil der Gerölle stammt von in der Umgebung anstehenden Gesteinen.

Bemerkenswert ist, daß in keiner der Bohrungen Phyllit- und Kalksteingerölle zu finden waren, obwohl das Konglomerat teilweise auf Phylliten lagert und in geringer Entfernung von Schönfeld Kalksteine vorkommen.

Das Bindemittel des Konglomerates ist ein sandiger, aus Quarz, wenig Feldspat und Glimmer zusammengesetzter Detritus, in dem bis 0,5 cm starke Glanzkohlenschmitzen beobachtet wurden.

Dem Gneiskonglomerat ist in Bohrung 3 eine etwa 20 m mächtige Schicht eines gelbgrünen, mittel- bis grobkörnigen Arkosesandsteines eingelagert.

Das Hangende der Konglomerate bilden Porphyrtuffe, die Kohlesandsteine, Schiefertone und die bei Schönfeld abgebauten Steinkohlenflöze enthalten.

Die Porphyrtuffe sind durch kohlige Substanz grau bis schwarz gefärbt. In der dichten Grundmasse treten häufig glasklare Feldspäte und graue, im Bruch fettglänzende Quarze auf. Unter dem Mikroskop zeigt sich, daß die Grundmasse des Tuffes aus kleinsten, nicht näher bestimmbaren Ascheteilchen besteht, in denen häufig Reste serizitisierter Feldspatkristalle, winzige Biotitschüppchen und Quarzkristalle vorkommen. Die Ascheteilchen werden durch ein kleinste Kohleflitterchen enthaltendes, schwarzbraunes Bindemittel verkittet.

Die Kohlesandsteine sind vorwiegend feinkörnige, durch Kohleflitterchen tiefschwarz gefärbte Gesteine, die häufig ohne scharfe Grenze in stark sandige, ebenfalls tiefschwarz gefärbte Schiefertone übergehen. Beide Gesteine enthalten zahlreiche 0,5—2 mm starke Glanzkohlenschmitzen. Die Grenzen zwischen Porphyrtuffen und Kohlesandsteinen bzw. Schiefertonen sind verwaschen.

In den Bohrungen wurden keine Steinkohlenflöze angetroffen. Nach Beck (1887) ist die Schönfelder Steinkohle eine dickschiefrige, auf den Bruchflächen metallisch glänzende Glanzkohle mit einem spezifischen Gewicht von 1,53—1,63. Nach einer älteren Analyse enthält die Kohle 5,4% flüchtige Bestandteile und ist daher als Anthrazit zu bezeichnen. Der Aschegehalt schwankt in weiten Grenzen.

Das Hangende der nachporphyrischen Stufe

Das jüngste Glied der Schönfelder Karbonsedimente, das bisher der nachporphyrischen Stufe zugeordnet wurde, besteht aus einer etwa 5—20 m mächtigen, stark wechselnden Folge von Konglomeraten, Arkosesandsteinen und Schiefertonen. Die Konglomerate besitzen ein schwarzes, sandiges, stark glimmerführendes Bindemittel, in dem gutgerundete Gneis- und Quarzgerölle (Durchmesser bis 5 cm, selten bis 15 cm) auftreten. Das Bindemittel überwiegt teilweise so stark, daß von einem geröllführenden Sandstein gesprochen werden kann. In einem Falle wurden in diesem Konglomerat mehrere 0,5—2 cm große Glanzkohlenbröckchen beobachtet.

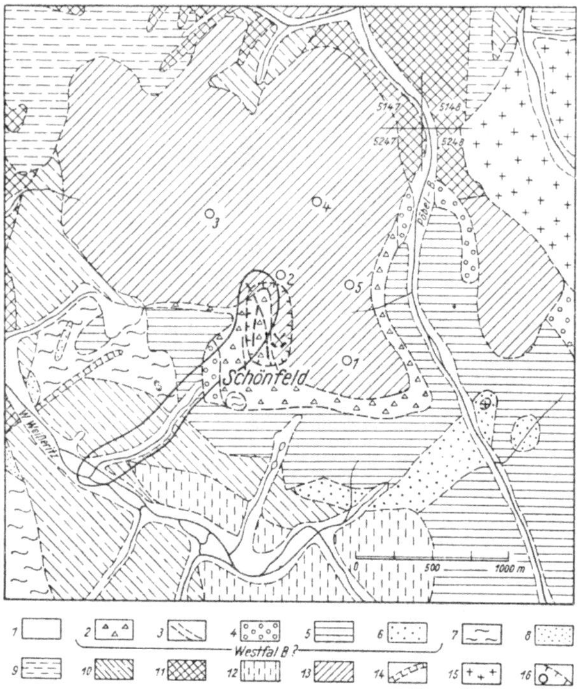

Abb. 1. Übersichtskarte des Oberkarbonvorkommens Schönfeld (nach der geologischen Spezialkarte 1 : 25 000)

1 — Alluvium, 2 — Tuffe u. Brekzien, 3 — Flöze der oberen Stufe, 4 — Konglomerat der oberen Stufe, 5 — älterer Quarzporphyr, 6 — Konglomerat der unteren Stufe, 7 — Albitphyllit, 8 — Hornblendeschiefer, 9 — Augengneis, 10 — Roter Gneis, 11 — Biotitgneis, 12 — Granatglimmerfels, 13 — Teplitzer Quarzporphyr, 14 — Quarzporphyrgänge, 15 — Granit, 16 — Bohransatzpunkte und Abbaugrenze

Die Arkosesandsteine sind graue bis grauschwarze, stark glimmerführende, fein-, mittel- und grobkörnige Gesteine. Die Schiefertone kommen in mehreren, weniger als 50 cm mächtigen Lagen innerhalb der Arkosesandsteine vor. Sie sind schwarz gefärbt und weisen einen hohen Sandgehalt auf.

Der Teplitzer Quarzporphyr

Das grauviolette bis rotbraune Gestein färbt sich, wenn es den Witterungseinflüssen ausgesetzt ist, sehr rasch blaßrot bis grüngelb und zerfällt dann leicht zu grusigem Material. An der Grenze zum sedimentären Karbon erhält der Quarzporphyr einen grauen Farbton und führt grüngefärbte Nebengesteinseinschlüsse. In Bohrung 4 lagert innerhalb der Oberkarbonsedimente ein etwa 8 m (scheinbare Mächtigkeit) mächtiger Gang von Teplitzer Quarzporphyr mit verhältnismäßig kleinen Einsprenglingen.

Die Lagerungsverhältnisse

Die Ablagerungen der vorporphyrischen Stufe treten etwa 1,5 km südöstlich Schönfeld als 200—250 m breiter, NE—SW streichender, sich vom Weißeritztal bis an den Pöbelbach erstreckender Streifen an die Oberfläche. Sie fallen hier flach nach NE ein (Abb. 1).

Der ältere Quarzporphyr bildet einen deckenförmigen Erguß, der teils auf Sedimenten der vorporphyrischen Stufe, teils auf kristallinen Schiefern lagert. Schon während des Oberkarbons wurde er stark erodiert, wie Gerölle des Gesteins in den Konglomeraten der nachporphyrischen Stufe beweisen. Er erstreckt sich unter den hangenden Sedimenten bis wenig südlich der Nordgrenze von Blatt Nassau und bildet hier nur noch eine schmale Zunge, deren Westgrenze zwischen Bohrung 3 und 4 zu suchen ist.

Die Ablagerungen der nachporphyrischen Stufe gliedern sich in zwei Abschnitte, die durch eine größere Störung voneinander getrennt sind (Abb. 2). Bohrung 2 traf keine Porphyrtuffe mehr an. Wenige Meter südlich der Bohrung wurde noch Steinkohle abgebaut. Man kann daher zur Klärung der Lagerungsverhältnisse keine Reliefunterschiede an der Basis der nachporphyrischen Stufe heranziehen, sondern muß mit einer Verwerfung rechnen. Diese Störung bildet vermutlich die nordöstliche Fortsetzung des nordwestlich Schönfelds gelegenen Quarzporphyrganges (Abb. 1), streicht also SW—NE. Der südlich der Störung gelegene Teil der Karbonmulde ist abgesunken und deshalb in bezug auf Mächtigkeit und Verbreitung relativ vollständig erhalten.

Die Sprunghöhe der Störung war nicht zu bestimmen. Sie kann jedoch am südwestlichsten Teil der Mulde mehr als 100 m betragen. Nach NE nimmt sie ab.

Etwa am nördlichen Kartenrande beginnend, erstrecken sich die Gneiskonglomerate der nachporphyrischen Stufe in SE-Richtung bis an die genannte Störung. Die Porphyrtuffe halten sich anfangs an die gleichen Grenzen, reichen jedoch nicht bis an die Verwerfung heran, was durch eine Kippung der gesamten Mulde nach Norden erklärt werden kann. Im Bereich

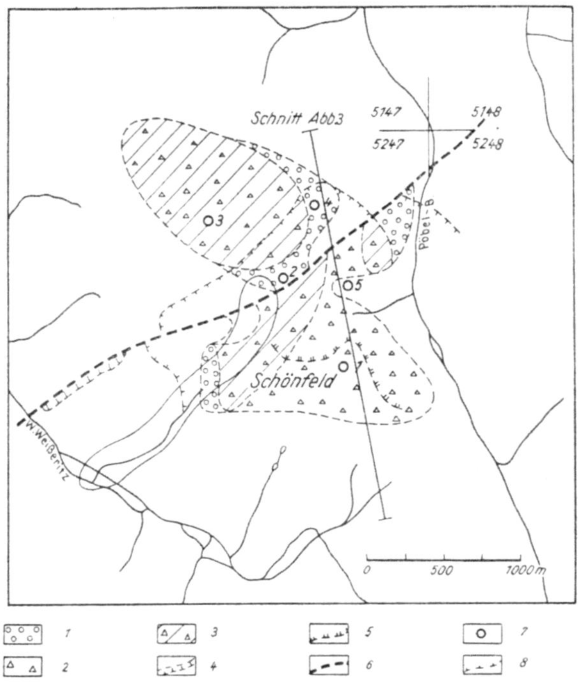

Abb. 2. Die Verbreitung der nachporphyrischen Stufe nach der geologischen Spezialkarte 1:25000 und den Ergebnissen der Neuuntersuchung

1 — Gneiskonglomerate, 2 — Porphyrtuffe, 3 — Porphyrtuffe über Gneiskonglomeraten, 4 — Quarzporphyrgang, 5 — geänderte Grenze des Teplitzer Quarzporphyrs, 6 — vermutete Störung, 7 — Bohransatzpunkte, 8 — vermutete Grenze des älteren Quarzporphyrs

der Störung erfolgte im nordwestlichen Muldenabschnitt die größte Heraushebung und demzufolge auch die stärkste Abtragung.

Die Gneiskonglomerate des südlichen Muldenabschnittes bilden einen 300—400 m breiten, fast parallel der Störung verlaufenden Streifen, der am SW- und NE-Rande der Mulde, bei Schönfeld und im Pöbelbachtal, ausstreicht.

Die der nachporphyrischen Stufe angehörenden Steinkohlenflöze, die bei Schönfeld abgebaut wurden, sind im Nordteil der Mulde nicht mehr vorhanden. Vermutlich gehen sie nach Norden und Osten in Kohlesandsteine und Schiefertone über. Die Ergebnisse der Bohrungen zeigen, daß das bisherige Abbaugebiet etwa der Verbreitung bauwürdiger Steinkohlenflöze entspricht. Die im Hangenden der nachporphyrischen Stufe auftretenden Sedimente wurden von der SW—NE streichenden Störung nicht erfaßt. Ihre genaue Verbreitung war nicht nachweisbar. Vermutlich halten sie sich im Nordflügel der Mulde, zum Teil schwach übergreifend, etwa an die Grenzen der nachporphyrischen Stufe, setzen in SE-Richtung über die Verwerfung weg und streichen am Hang des Pöbelbachtales aus.

Der Teplitzer Quarzporphyr bei Schönfeld stellt einen infolge Erosion losgelösten Teil des großen nordöstlich und östlich gelegenen Vorkommens dar. Er lagert dem sedimentären Karbon deckenförmig auf, reicht im Osten bis etwa an den Pöbelbach und im Westen nicht ganz bis an die Wilde Weißeritz. Seine Nordbegrenzung befindet sich 300—400 m nördlich der Nordgrenze von Blatt Nassau.

Alter, Genese und Tektonik der Lagerstätte

Die Alterseinstufung nach der Flora ist unsicher. Die Ergebnisse der fünf Bohrungen lassen ebenfalls keine sicheren Altersangaben zu, doch wurden einige Erscheinungen beobachtet, die das bisher angenommene Alter, also Westfal B, bestätigen.

Mit ziemlich großer Wahrscheinlichkeit stellt die NE—SW streichende, das Schönfelder Oberkarbon verwerfende Störung die Fortsetzung des nordwestlich von Schönfeld vorkommenden Quarzporphyrganges dar. Die Anlage dieser NE—SW streichenden Porphyrgänge, die dem Berggießhübler Gangschwarm angehören, ist nach heutiger Ansicht asturisch, d. h. also, daß das produktive Schönfelder Oberkarbon asturisch gestört wurde und demzufolge älter als Stefan ist. Die darüber lagernden, von der genannten Störung nicht erfaßten Sedimente sind ihrem gesamten Aufbau nach aufgearbeitetes Material der nachporphyrischen Stufe. Die darin auftretenden Steinkohlengerölle lassen auf eine bereits im

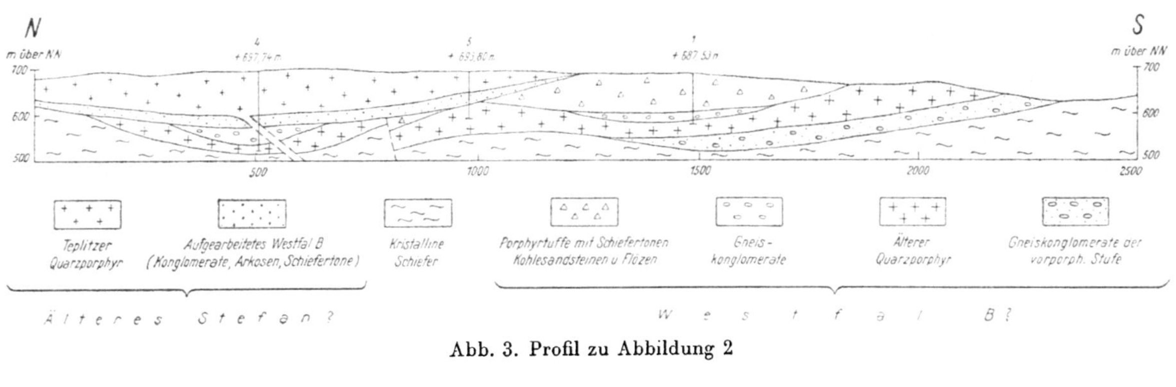

Abb. 3. Profil zu Abbildung 2

Karbon ziemlich weit fortgeschrittene Inkohlung schließen, da die Aufarbeitung vermutlich sofort nach der Heraushebung der Lagerstätte begann. Zwischen Störung und Bildung der Lagerstätte lag also ein relativ großer Zeitraum. Westfal D kommt daher als Bildungszeit der flözführenden Stufe kaum in Frage.

Wie aus der geringen Mächtigkeit des Aufarbeitungshorizontes zu entnehmen ist, kann der Zeitraum zwischen Störung der Lagerstätte und Erguß des Teplitzer Quarzporphyrs, also dem Ende der Erosion, nur kurz gewesen sein. Die Entstehung des obersten Karbongliedes von Schönfeld sowie der Erguß des Teplitzer Quarzporphyrs ist daher im älteren Stefan anzusetzen.

Es ergibt sich damit folgende Reihe: Entstehung der Lagerstätte älter als Westfal D, Störung und Heraushebung der Lagerstätte asturisch. Im älteren Stefan begann die Abtragung der Westfalsedimente. Die Erosion wurde durch den ebenfalls im älteren Stefan erfolgten Erguß des Teplitzer Quarzporphyrs beendet.

Die Bildung der Lagerstätte ist auf eine gleichzeitige Ablagerung von vulkanischer Asche und feinklastischem, an organischer Substanz reichem Material zurückzuführen, wobei der Anteil des einen oder anderen zeitweilig mehr oder weniger in den Vordergrund trat. Im einen Extrem entstanden fast reine Porphyrtuffe, im anderen fast reine Schiefertone oder Sandsteine. Die Flöze sind vermutlich allochthon gebildet. Dafür spricht der hohe Aschegehalt der Steinkohle, ihr Vorkommen in Nestern und Linsen und das Fehlen von Wurzelböden.

Zusammenfassung

In den Jahren 1957/58 wurde das kleine osterzgebirgische Steinkohlenvorkommen Schönfeld durch fünf Kernbohrungen untersucht. Das früher bebaute Vorkommen führt im Bereich der Bohrungen keine Steinkohlenflöze mehr. Die Verbreitung der Flöze fällt etwa mit den Grenzen des früheren Bergbaues zusammen. Das flözführende Karbon wurde vermutlich vor Beginn des Westfals D gebildet, asturisch gestört und zum Teil bereits im älteren Stefan, durch einen Aufarbeitungshorizont kenntlich, abgetragen.

Резюме

В 1957—58 гг. мелкое каменноугольное месторождение Шенфельд (в Восточных Рудных горах) исследовалось пятью колонковыми бурениями. Находившееся раньше в эксплуатации месторождение в участке скважин больше не содержит каменноугольных пластов. Распространение пластов приблизительно совпадает с границами бывших эксплуатационных работ. Пластоносные отложения карбона образовались предположительно до начала яруса Вестфаль Д, нарушались в связи с астурийским орогенезисом и срезались отчасти уже в более древнем стефанском ярусе (это можно установить на одном горизонте механического преобразования).

Summary

Five core-drill borings were made in the small Schönfeld coal occurence in the Eastern Erzgebirge during 1957/58. The previously mined occurrence no longer includes coal seams in the area investigated by drilling. Seam distribution roughly coincides with the boundaries of the former mine. The coal bearing layers were presumably formed before the beginning of Westfal D, deformed by Asturian movements and partially denuded already in the lower Stefan, as is recognizable by an assorting horizon.

Literatur

BECK, R.: Erläuterungen zur geologischen Spezialkarte von Sachsen, Sektion Nassau 118. — Leipzig 1887.

DOUFFET, H.: Geologische Untersuchung des Oberkarbons bei Oberpöbel und Bärenfels im oberen Erzgebirge. — Unveröffentlichte Meldearbeit der Bergakademie Freiberg 1955/56.

GOTHAN, W.: Die Altersstellung des Karbons von Flöha in Sa. im Karbonprofil auf Grund der Flora. — Abh. sächs. geol. Landesamtes, H. 12, 1932.

MOESTA, G.: Brüche und Porphyreffusionen im östlichen Erzgebirge. — Z. deutsch. geol. Ges., **80**, S. 343 (1928).

POLLAK, A.: Gutachten über das Steinkohlenvorkommen Schönfeld. — In: Akte Steinkohlenvorkommen Schönfeld (1938), Archiv der Bergakademie Freiberg.

SEIDLITZ, W. v.: Die Altenberger Scholle, ein Beitrag zur tektonischen Analyse des variskischen Gebirges. — Geol. Rdsch., Sonderband 1926, S. 1—19.

SPENGLER, E.: Über die Abtragung des variskischen Gebirges in Sachsen. — Abh. geol. Landesanst. Berlin, N. F., H. 212, 1949.

WEISSENBACH, A. v.: Handschriftliche Aufzeichnungen über das Glanzkohlengebirge bei Schönfeld, 1823. — Archiv der Bergakademie Freiberg.

Hammerbohrungen als Probenahmemethode in stark absetzigen Lagerstätten

HORST SCHEFFLER, Wernigerode (Harz)

Im folgenden wird die in der Schwefelkiesgrube „Einheit" (VEB Harzer Eisenerzgruben, Produktion: ± metasomatisch pyritisierter Keratophyr) durchgeführte spezielle Probenahmeart geschildert.

Diese sehr einfach durchzuführende Methode ist im Prinzip nur eine Schlitzprobenahme. Der Unterschied besteht darin, daß der Schlitz mittels einer normalen Bohrmaschine vom Typ BH 16 in das Anstehende hineingelegt wird.

Die vom Geologen angegebenen „Schlitzlöcher" werden im sehr harten Keratophyr mit einer 56 mm starken Kreuzschneidekrone bis auf 0,25 m niedergebracht. Nach der Befestigung der Ablaufrinne in diesem großkalibrigen Bohrloch wird mit 42er Kronen bis auf 5 m Teufe gebohrt. Die restlichen 2 bis 3 m werden mit abgebohrten Kronen niedergebracht. Durch die entsprechende Kombination von Bohrgestängen in den Längen 1,5 m, 2,0 m, 2,5 m, 3,0 m, 3,5 m und 4,0 m, die durch Schraubmuffen zusammengehalten werden, wird die Endteufe erreicht.

Der Vortrieb im Keratophyr beträgt 5—6 cm/min, die TAN (= Technische Arbeitsnorm) bis zu 5 m Teufe 2,89 m/MS (= Meter je Mann und Schicht), über 5 m Teufe 1,72 m/MS. Die Leistung der mit zwei Arbeitskräften einschichtig besetzten BH-16-Maschine liegt etwa bei 3,00 bis 4,00 m/MS. Auf der Schachtanlage „Einheit" läuft unter der Regie des VEB Geologische Bohrungen Gommern eine derartige Maschine.

Diese sogenannten Hammerbohrungen (im eigentlichen Sinne keine Hammerbohrungen, aber im Gegensatz zu den Kernbohrungen so bezeichnet) werden etwa seit 1950 zur Untersuchung betrieblicher Fragen niedergebracht. Ihre große Bedeutung hat sich aber erst in den letzten 3—4 Jahren nach der Intensivierung dieser Probenahme gezeigt.

Die Bohrlöcher werden vor allem aus den im geologischen Erkundungsprogramm getriebenen Strecken — zur Zeit noch selten von Abbauen aus — in Brusthöhe eingebracht und weichen je nach den örtlichen Platzverhältnissen (4 m langes Bohrgestänge mit Maschine und Bohrstütze) mit 45° bis 90° aus der Streckenrichtung ab. Sie werden mit 10° bis 15° steigend gebohrt, damit der Bohrschlamm aus dem Loch fließen kann. Ihre Endteufe ist in mehr oder weniger vererztem Keratophyr auf 7 m, z. T. auch auf 8 m festgelegt. Die Entfernung zwischen zwei Bohrlöchern richtet sich nach dem Streuungsgrad der Vererzung. In gleichförmig vererzten sowie in unbauwürdigen Partien kann der Abstand 20 m betragen. In stark absetzigen Lagerstättenteilen wird er im Mittel auf 5 m festgesetzt.

Die Bohrungen werden so angegeben, daß ein Maximum an Fläche aufgeschlossen wird. Dabei muß Streichen und Fallen des die Lager begrenzenden hangenden Kalkes berücksichtigt werden. Das Bohrmehl wird durch das Spülwasser aus dem Loch geschlämmt und über die Auslaufrinne in den unmittelbar unter dem Loch stehenden Eimer geleitet. Dabei wird die Wassermenge so reguliert, daß sie auf 25 cm Bohrfortschritt 10 l (1 Eimer) nicht übersteigt.

Der Pyritanteil des Mehles setzt sich auf Grund der hohen Dichte (5,1) sehr schnell, die Keratophyrtrübe (D = 2,7) braucht in der Regel 20—30 min bis zum Absatz. Da in dieser Zeit aber weitergebohrt wird, sind also immer 5—6 Eimer in Gebrauch.

Der Bodensatz von jeweils vier aufeinanderfolgenden Eimern — also die Distanz über einen Meter —, zu gleichen Teilen entnommen, wird unter Tage an Ort und Stelle gut durchgemischt zu einer Probe vereint und dann in entsprechend vorgerichteten Kisten, so daß Verwechslungen ausgeschlossen sind, nach einem gewissen Schema in dem zugeordneten Fach deponiert.

Das Bohrmehl wird über Tage getrocknet, geviertelt, aufbereitet und zur Analyse gegeben. Als sehr nützlich erwies sich vor der quantitativen chemischen Analyse zur Kontrolle die Durchführung einer visuellen Schwefelbestimmung. Diese visuelle Bemusterung hilft dann unter Umständen bei der Klärung eventuell auftretender — durch die erhebliche Anzahl der anfallenden Proben bedingter — Verwechslungen von Proben aus zwei Bohrungen.

Die Hammerbohrungslöcher werden in ihrer Lage eingemessen (wobei von Zeit zu Zeit auch Kontrollteufenbestimmungen durchgeführt werden) und in Form eines Qualitätsrisses auf transparentem Papier (DIN A 4) im Maßstab 1:500 entsprechend dem Grubenrißmaßstab dargestellt.

Auf diesen Qualitätsrissen bauen dann zum größten Teil die Werte für die Vorratsberechnung auf. Außerdem werden die Ergebnisse der Pick- und Haufwerksproben zur Gehaltsberechnung mit herangezogen. Bei der Auswertung werden die Hammerbohrungsergebnisse wie die einer Schlitzprobe behandelt. Unter der Bedingung gleicher Bemusterungsdichte werden alle Hammerbohrungsanalysen der oberen und unteren Strecken eines Vorratsblockes arithmetisch gemittelt.

Da die Positionsumgrenzungen auf Grund der metasomatischen Natur der Lagerstätte nur vermutet werden können, ist die mit diesem Verfahren erreichte Genauigkeit hinreichend.

In diese Mittelwerte gehen die Ergebnisse der Haufwerksproben mit gleichem Gewicht wie die der Hammerbohrungen ein. Die in den Strecken durchgezogenen Stücklagen-(Pick-)Proben werden ebenfalls bei der Ermittlung des Durchschnittsgehaltes berücksichtigt. Es geht aber jede dieser Proben mit doppeltem Gewicht ein, da sie über eine Streckenbreite von 2,00 m bis 2,20 m entnommen werden. Sie entsprechen somit einer Hammerbohrung von 2 m Länge, die dann zwei, meist voneinander abweichende Werte ergeben würde.

Ein Erdfall bei Zeitz

OTFRIED WAGENBRETH, Halle (Saale)

Von den Oberschullehrern KEIL und LIEBSCHER in Zeitz erhielt ich im September 1959 die Mitteilung, daß zwischen Zeitz und Tröglitz, Ortsteil Burtschütz, ein Erdfall entstanden sei, den ich besuchen und begutachten solle. Ein einzelner, noch dazu so kleiner Erdfall wie dieser bei Zeitz, würde an anderer Stelle, etwa im Südharzgebiet oder bei Frauensee-Salzungen, kaum Beachtung finden, geschweige denn besonders veröffentlicht werden. In der engeren Umgebung von Zeitz war bisher Erdfalltätigkeit nicht bekannt, obwohl nach der geologischen Situation die Möglichkeit gegeben war. Um der Annahme eines bisher in der Gegend nicht beobachteten Naturereignisses zu entgehen, dachten verschiedene Beteiligte zunächst an einen Einsturz unterirdischer Gänge, wie sie unter dem Stadtgebiet von Zeitz zahlreich vorhanden sind. Diese Deutung scheidet jedoch schon deswegen aus, weil der Erdfall völlig abseits von den Gebieten liegt, in denen siedlungsgeschichtlich mit unterirdischen Gängen zu rechnen ist. Auf rein geologische Ursachen, d. h. auf Auslaugung im Untergrund, weist auch die Form des Erdfalls.

Der Erdfall und seine Umgebung

Der Erdfall liegt etwa 800 m ostsüdöstlich des Volksgutes Kloster Posa, östlich von Zeitz, etwa 12 m südlich des Weges, der von Zeitz südlich an Posa vorbei durch den Föckendorfer Grund und dann über die Höhe östlich von diesem nach Burtschütz führt, und zwar 100 m westlich der Kreuzung dieses Weges mit dem SO—NW gerichteten Höhenweg von der Gleinaer Straße nach dem Volksgut Posa. Der Erdfall liegt auf einem Feld der LPG Tröglitz und ist nach Auskunft von Herrn KEIL nach den regenreichen Tagen in der ersten Augusthälfte 1959 entstanden. Der Durchmesser des annähernd kreisrunden Erdfalls beträgt fast 4 m, die größte Tiefe etwa 1 m. Die eingebrochene Masse ist in der Mitte nach unten durchgebogen und bildet im südlichen Drittel ein Mosaik von Schollen, die grob konzentrisch zum Außenrand liegen. Die Wände des Erdfalles bilden Überhänge, wobei eine Änderung des Neigungswinkels offenbar mit einer Änderung der Gesteinsbeschaffenheit zu-

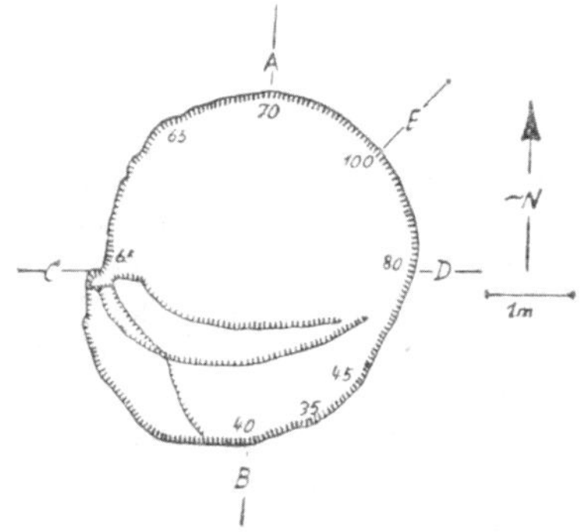

Abb. 1 a. Ausbildung des Einbruchtrichters

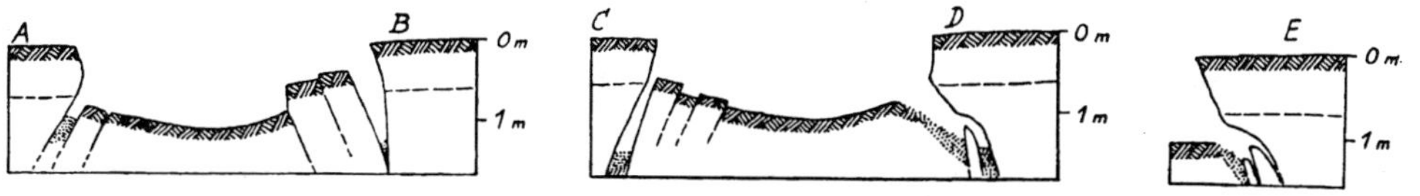

Abb. 1b. Profile durch den Einbruchtrichter

sammenhängt. Gerade in diesem Niveau geht der graue Gehängelehm nach oben in gelben Gehängelehm über. Beide Lehme enthalten nordisches Material, der graue jedoch auch Holzkohlenstücke. Damit entfällt eine Deutung als Geschiebelehm, die sonst nach der geologischen Situation möglich wäre.

Wie die geringe Größe und die überhängenden Wände zeigen, handelt es sich um einen kaminartigen Erdfall, der sich also nach der Tiefe zu weiter verbreitern wird.

Wenige hundert Meter weiter nordwestlich liegen auf den Feldern einige flache, rings geschlossene Trichter von einigen Metern Tiefe und Dekametern Durchmesser. Es ist nunmehr sehr wahrscheinlich geworden, daß es sich dabei auch um Erdfälle handelt, während die andere mögliche Deutung — uralte Steinbruchlöcher — jeder Grundlage entbehrt.

Auch zwei kreisrunde Lößvorkommen von fünfzig und siebzig Meter Durchmesser, die die geologische Karte Blatt Zeitz auf dem Unteren Buntsandstein der Umgebung von Posa ausweist, könnten als fossile Erdfälle gedeutet werden.

Regionalgeologische Einordnung

Der Untergrund der Umgebung des Erdfalls besteht aus Unterem Buntsandstein. Nur im engeren Bereich von Posa ist „Mittlerer Buntsandstein" kartiert, der aber vermutlich nicht Mittlerer Buntsandstein im Sinne der zentralthüringischen Gliederung ist, sondern nur die sandige Ausbildung höherer Schichten des Unteren Buntsandsteins darstellt (vergl. geol. Karte Blatt Gera, alte und neue Auflagen!). Da im Raum Zeitz der Buntsandstein wohl in Randfazies und damit geringeren Mächtigkeiten vorliegt, gibt der „Mittlere Buntsandstein" von Posa keine Hinweise auf die Tiefe des löslichen Horizontes, der nur dem Zechstein angehören kann. Bohrungen im Zeitzer Raum (Wetterzeube, Groitzschen, Streckau, Brunnenbohrung „Fabrik Naether" in Zeitz, Wuitz-Mumsdorf, Schwerzau, Profen) haben außer dem Vorhandensein von Anhydrit bis 40 m Mächtigkeit die Oberkante des Plattendolomites nachgewiesen. Diese liegt etwa bei + 50 bis + 100 m NN, ohne daß sich aus diesen Höhendifferenzen genaue Lagerungsverhältnisse ableiten lassen. Es ist deshalb mit saxonischen Störungen zu rechnen, die sich in dem monoton kartierten Buntsandstein der Oberfläche bloß nicht zu erkennen geben oder von jüngeren Schichten verhüllt sind, vielleicht aber zu der rezenten oder zu fossiler Erdfalltätigkeit Anlaß gegeben haben (irreguläre Auslaugung WEBERS). Lösliches Gestein ist bei Zeitz in Form von Anhydrit (und Salz?) der Werra- und der Staßfurt-Serie zu vermuten, würde also unter Berücksichtigung der genannten Plattendolomitteufen bei Posa etwa im Niveau $\pm$ 0 m NN bis + 60 m NN liegen. Der Erdfall liegt bei + 220 m NN, so daß sich eine Auslaugungstiefe von etwa 160 bis 220 m ergibt, was im Vergleich mit anderen Auslaugungsgebieten als durchaus möglich erscheint.

Der Nachweis von Zechsteinriff in der Brunnenbohrung „Naether" führt im Vergleich mit den Lagerungsverhältnissen der Riffe bei Pößneck und Profen zu dem Schluß, daß auch bei Zeitz die löslichen Gesteine des Zechsteins im wesentlichen nicht über, sondern neben dem Riff liegen oder lagen. Damit bleibt ein sicher beachtlicher, aber bisher nicht abgrenzbarer Teil des Zeitzer Raumes grundsätzlich erdfallfrei. An anderen Stellen mag früher Erdfalltätigkeit geherrscht haben, die heute längst beendet ist, wie in den benachbarten Braunkohlenrevieren die Lagerungsverhältnisse der Flöze zeigen. Dieser Faktor könnte durch umfassende Aufnahme der Buntsandsteinlagerung in Baugruben und ähnlichen Aufschlüssen beurteilt werden und würde zu weiterer Einschränkung der Wahrscheinlichkeit künftiger Erdfälle führen.

Zusammenfassung und Hinweis für die Ingenieurgeologie

Mit einem kleinen, kaminartigen Erdfall südöstlich von Posa am Rande von Zeitz ist erstmalig rezente Erdfalltätigkeit in diesem Raum beobachtet worden, wodurch die Aufmerksamkeit auch auf eventuelle Spuren dortiger fossiler Erdfälle gelenkt wurde. Lösliche Gesteine der Werra- und der Staßfurt-Serie können 160 bis 220 m unter Gelände vorhanden sein, sind aber der Zeitzer Riffe wegen vermutlich nicht überall ausgebildet. Dieser und andere Gründe mindern die Wahrscheinlichkeit weiterer Erdfälle stark herab, so daß im Zeitzer Raum nach jetzigem Stand ingenieurgeologisch keine aufwändigen Forderungen wegen möglicher Erdfallgefahr gestellt zu werden brauchen. Aufmerksame Beobachtung aller weiteren Hinweise ist jedoch dringend zu empfehlen.

Die erste Gaseruption in der zentralen Kara-Kum[1)]

G. A. GABRIELJANZ

Am 16. Mai 1959 brach aus der 16 km südlich des Dorfes Darwasa gelegenen Strukturbohrung Nr. 101 aus einer Teufe von 1200 m eine mächtige Gaseruption hervor. Dieses Gebiet liegt im zentralen Teil des Kara-Kum-Gewölbes, dessen paläozoischer Untergrund nach seismischen Messungen in 1800—2000 m Tiefe liegt. Die Bohrung wurde in der Nähe des Achsenteils der sehr flachen Antiklinalhebung von Schiich niedergebracht.

¹) Aus: „Geologija nefti i gasa", H. 8, 1959, Übers.: W. OESTREICH.

Nach den gegenwärtig verfügbaren Daten durchteufte die Bohrung Neogen, Paläogen (Eozän), Oberkreide (Dan, Maastricht, Campan, Senon, Turon, Cenoman) und Unterkreide (Alb). Das durch die Bohrung in einer Mächtigkeit von 700 m (500—1200 m) aufgeschlossene Alb besteht im wesentlichen aus grünlichgrauen, ungleichkörnigen Sandsteinen und tonigen Aleurolithen mit Zwischenlagen von aleuritischen Tonen und Quarz-Glaukonitsanden. In den Aleurolithen wurden dünne (2 mm) Lagen kohliger Reste angetroffen. Zum

Cenoman gehört eine 50 m (450—500 m) mächtige Folge terrigener Schichten, hauptsächlich aus grauen tonigen glimmerführenden und schwach kalkigen Aleurolithen bestehend. In den Ablagerungen des Turons kann man zwei Schichtpakete unterscheiden: ein unteres, vertreten durch graue und grünlichgraue Aleurite und Aleurolithe, und ein 10 m mächtiges oberes, bestehend aus Kalksteinen und Aleurolithen mit dünnen Zwischenlagen eines quarzig-glaukonitischen Aleuroliths und Sandsteins. Die Mächtigkeit des Turons beträgt hier 215 m. Die Ablagerungen des unteren Senons bestehen aus einer 10 m mächtigen Schicht dichter, grünlichgrauer Kalke, die des Campan und Maastricht aus einer Folge toniger dichter Kalke. Das Campan ist hier 70 m, das Maastricht 20 m mächtig. Das Dan umfaßt eine 3 m mächtige Schicht von Kalken mit reicher Fauna. Das über den Dan-Kalken liegende insgesamt 80 m mächtige Eozän besteht aus grauen Tonen und hellgrauen Mergeln. Zum Neogen gehört eine 52 m mächtige Folge im wesentlichen kontinentaler Ablagerungen, bestehend aus Sandsteinen mit Ton- und Kalkzwischenlagen.

Die gasführenden Schichten treten in den unteren Teilen des Alb auf (im Teufenintervall von 900 bis 1200 m). Gegenwärtig ist noch nicht klar, welche Schichten im Profil gasführend sind. Die Bearbeitung der geophysikalischen Bohrlochmessungen gestattet es, in diesem Abschnitt des Alb eine Anzahl poröser, möglicherweise gasführender Schichten mit einer effektiven Gesamtmächtigkeit von 30 m auszuscheiden. Nach visuellen Bestimmungen vieler erfahrener Erdölspezialisten beträgt die freie Fördermenge des Gases der Bohrung etwa 400000 m³/Tag. Die Bohrung arbeitet über einen Monat, die Ergiebigkeit an Gas bleibt unverändert. Gleichzeitig mit Gas schleudert die Bohrung stark mineralisiertes Wasser heraus. In der ersten Zeit betrug die Menge des ausgeschleuderten Wassers 10000 m³/Tag, im Jahr 1959 ging diese Menge auf 3000—4000 m³/Tag zurück.

Die im Laboratorium des WNIGNI ausgeführte Analyse zeigte, daß das Gas 92,76% Methan, 5,16% Äthan, 1,66% Propan, 0,32% Butan, 0,006% Pentan und 0,04% Hexan enthält.

Im Zentralteil der Kara-Kum wurden Gasanzeichen von 4 Strukturbohrungen beim Durchsinken des Untereozäns auf der Hebung von Darwasa festgestellt. Die Ergiebigkeit war unbedeutend, insgesamt nur einige Hundert m³. Das Gas enthielt 96% Methan, 0,1% schwere Kohlenwasserstoffe, 3,2% CO_2 und H_2S.

Auf Bohrung 4, die auf einem der abgesunkenen Blöcke der Struktur von Serny-Sawod (Schwefelwerk) steht, wurden Wasseranzeichen beobachtet. Die Analyse des Wassers und des gelösten Gases gab sehr interessante Ergebnisse. In dem im Wasser gelösten Gas erreichte der Anteil der schweren Kohlenwasserstoffe 4%.

Beim Durchbohren des Cenoman-Turon und des Alb war in der gleichen Bohrung in der Spülung ein höherer Gehalt von Kohlenwasserstoffgasen zu beobachten, der nach den Angaben der Gaskarottage 3,5% betrug. Intervalle mit höherem Gehalt an Kohlenwasserstoffgas (bis 4%) wurden auch in Bohrung 125 angetroffen (Schwefelwerk).

Die offene Gaseruption aus dem Alb, die Gas- und Erdölanzeichen aus dem Alb, Cenoman, Turon und Eozän im Gebiet des Schwefelwerkes Darwasa bestätigen die günstige Beurteilung der Aussichten für eine Erdöl- und Erdgasführung im Zentralteil der Kara-Kum und gestatten schon jetzt, in diesem Gebiet die geologischen Erkundungsarbeiten zum Aufsuchen großer Öl- und Gaslagerstätten zu entfalten.

Neue Arbeiten über geochemische Verfahren für die Erdöl- und Erdgaserkundung

Diskussion der Ergebnisse der 2. wissenschaftlichen Konferenz über Fragen der Geochemie in der Erdölerkundung, -bohrung und -förderung in Krakau, 30. 11. bis 5. 12. 1959 (Teil 1)

RUDOLF MEINHOLD, Freiberg (Sa.)

Einleitung

Der Arbeitskreis der Petroleuminstitute der ČSR, Polens und Ungarns veranstaltete vom 30. November bis 5. Dezember 1959 in Krakau seine 2. wissenschaftliche Konferenz über geochemische Fragen. An dieser Tagung nahmen auch Gäste aus der Deutschen Demokratischen Republik, aus Frankreich und der UdSSR teil. In vorliegendem Aufsatz soll über die Ergebnisse dieser Konferenz[1]) in Zusammenhang mit der neuesten Entwicklung in anderen Ländern berichtet werden.

Die bituminologischen Methoden

Die bituminologischen Methoden standen im Mittelpunkt der Kritik. Schon auf der Konferenz in Brünn 1957 waren die Schwierigkeiten ihrer Interpretation behandelt worden. Das betrifft jedoch nur die Deutung von Anomalien der Oberflächenkartierung, bei der die komplexe Natur der Bodenteilchen und ihre sehr unterschiedliche Adsorptionsfähigkeit einer quantitativen Auswertung hinderlich ist. Hierzu tritt nach neuen Erkenntnissen noch eine Reihe anderer Effekte.

Besonders kritische Stimmen vernahm die Konferenz von den ungarischen Kollegen. Ein von STEGENA verfaßter Bericht führte drei Beispiele an, die seiner Meinung nach die Methode der Oberflächenkartierung durch die Bitumenanalyse nicht als Direktmethode ausweisen. Das erste Beispiel betraf eine gravimetrisch und seismisch nachgewiesene Struktur am Südrande der Kleinen Ungarischen Tiefebene, die über ihrem Top eine ausgeprägte, kontrastreiche Bitumenanomalie ergab, jedoch wiesen zwei Bohrungen keine Kohlenwasserstoff-Führung nach. Die zweite Struktur, ebenfalls in der Kleinen Ungarischen Tiefebene, wie die erste gravimetrisch und seismisch nachgewiesen, hatte Anomalien an der Flanke, aber auch hier blieben die Bohrungen erfolglos. Das dritte Gebiet umfaßt die ungarischen Erdölfelder Hahót, Lovászi und Budafapuszta (Abb. 1). Hier finden sich Bitumenanomalien bei Hahót und Lovászi, aber nicht bei Budafapuszta. Die ungarischen Kollegen sind daher der Meinung, daß diese Anomalien

[1]) Anzuknüpfen ist hier an die Ergebnisse der 1. Konferenz (MEINHOLD 1959, MOGILEWSKI & ANWAER 1959).

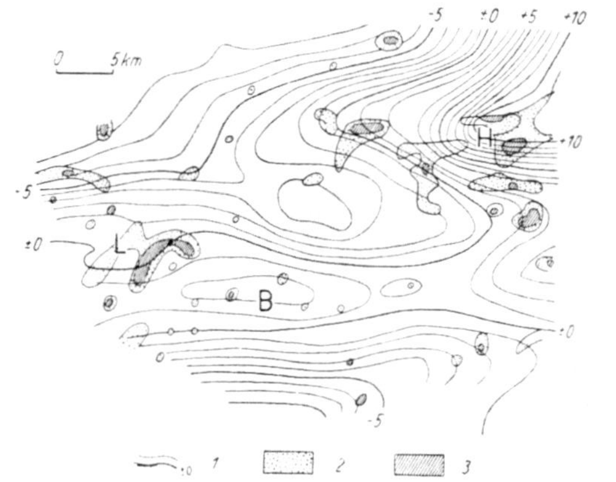

Abb. 1. Bitumenanomalien in der Umgebung ungarischer Erdölfelder
1 – BOUGUER-Anomalien der Schwerkraft (mgl), 2 – Bitumen-Anomal. Maßzahl 50-70, 3 – Bitumen-Anomal. Maßzahl über 70
L – Lovászi, H – Hahót, B – Budafapuszta (n. STEGENA)

wohl mit den Strukturen zusammenhängen, aber kein direkter Nachweis für Kohlenwasserstoffe sind. Sie sehen die Ursachen in der Entgasung oberflächennaher Schichten und in der Wirkung von Bakterien, die diese Gase angreifen.

Daß auch die Bodenfeuchtigkeit von großer Bedeutung ist, zeigten die Arbeiten von RISCHÁK. Er fand, daß die Lumineszenzmessungen an feuchten Proben oft den 5–10fachen Wert der Proben von trockenen Böden hatten. Feuchtigkeitsaufnahme und -abgabe ist ein reversibler Vorgang; bei Sandboden ist nach 2–3 Tagen, bei Tonboden nach 3–10 Tagen das Gleichgewicht mit der Umgebung wiederhergestellt. Der Effekt (Abb. 2) wird so erklärt, daß nur bei trockenem Boden im Tetrachlorkohlenstoff-Auszug alles Bitumen gelöst wird. Bei zunehmendem Wassergehalt tritt eine Verkleinerung der Lösungsfähigkeit infolge Wasserfilmbildung auf, bei hohen Wassergehalten wird aber etwas Wasser im Tetrachlorkohlenstoff gelöst, das Huminsäure mitnimmt. Daraus ergibt sich die starke Erhöhung der Lumineszenz-Meßzahl. Der Versuch, diese unterschiedlichen Substanzen durch Aufnahme des Absorptions-Spektrums des ultravioletten Lichtes und der Energieverteilung des sekundären Lumineszenzlichtes auseinanderzuhalten und damit diese These zu beweisen, gelang jedoch nicht (GEDEON und RISCHÁK).

Die Konferenzteilnehmer waren sich einig, daß bei Oberflächenmessungen ein hoher Störpegel zu erwarten und daher diese Methode sehr kritisch zu werten ist.

Unbestritten ist der Wert der Bitumenanalysen aus Bohrkernen. Mit Hilfe der Lösungschromatographie der Chloroformextrakte an aktiviertem Kieselsäuregel wurde im Geologischen Institut in Warschau (CALIKOWSKI, GONDEK, KULESZA) ein Verfahren zur Trennung des Bitumens in acht Fraktionen ausgearbeitet. Die einzelnen Fraktionen bestehen aus Paraffinen, Naphthenen, Harzen und Asphalten. Für die Routinearbeit ist ein Schnellverfahren zur Charakterisierung der Bitumina in Arbeit, das nur eine Paraffin-Naphthen- und eine Asphaltgruppe ausscheidet. Auch in der UdSSR werden derartige Untersuchungen erfolgreich durchgeführt.

Die Bodengas-Methoden

Bodengasanalysen wurden in der UdSSR, in Polen, der ČSR und der DDR weitergeführt. Ein Erfahrungsbericht lag der Konferenz aus der DDR (PRÖHL und BREDEL) vor.

Nachdem die Versuche zur Spurengasanalyse mit der Ultrarotabsorption nicht zum gewünschten Erfolg führten, wurde die gaschromatographische Analyse eingeführt. Dazu wurde vorher an Aktivkohle bei der Temperatur des flüssigen Sauerstoffs angereichert. Als Detektor diente eine Wärmeleitfähigkeitszelle. Damit konnte die Empfindlichkeit auf den gewünschten Wert von 10^{-6} Vol.-% gebracht werden.

Mit dieser Methode wurden einige Erdölstrukturen untersucht, wobei unerwartet ungesättigte Kohlenwasserstoffe wie Äthylen und Propylen auftraten. In der Diskussion wurde dieses Ergebnis auf die Tätigkeit von Bodenbakterien zurückgeführt.

In der UdSSR wurden zur Festlegung der theoretischen Grundlagen (ANTONOW u. a. 1958, SOKOLOW u. a. 1959) die Gasdiffusions-Koeffizienten der Gesteine bestimmt. Sie lagen zwischen 10^{-3} und 10^{-8} und nahmen generell mit der Tiefe ab. Bestätigt wurde auch die gleichzeitig in anderen Ländern gefundene Abhängigkeit des Gasgehalts in den Bohrkernen von der Entfernung zur Lagerstätte. Der oft beobachtete Haloeffekt wird auf Permeabilitätsunterschiede sowie auf migriertes CO_2 aus dem Randwasser zurückgeführt, wobei an der Oberfläche chemische und biochemische Veränderungen bewirkt werden. Um dem hohen Störpegel an der Oberfläche zu entgehen, ist die Entnahmetiefe von entscheidender Bedeutung. Hierzu eignen sich am besten seismische Schußbohrungen.

Die radiometrischen Methoden

Über den Wert radiometrischer Prospektionsmethoden auf Erdöl sind die Meinungen in der Welt geteilt. Das mag daran liegen, daß die sicherlich vorhandenen Effekte noch zu wenig erforscht sind. Einen wesentlichen Beitrag dazu lieferte J. TATÁR aus Budapest. Eingehende Oberflächenkartierungen zeigen, daß in der Nähe von Erdöllagerstätten wohl Anomalien vorkommen, es gibt aber solche auch in Gebieten, in denen keine Lagerstätten nachgewiesen werden konnten. Bei den Messungen wurden die Basisstationen sehr häufig wiederholt und zeigten eine Streuung, die wesentlich höher lag, als sie vom Instrumentarium zu erwarten war. Sie korrelierten auch nicht mit atmosphärischen und meteorologischen Faktoren. Eine nähere Untersuchung ergab, daß eine starke Abhängigkeit von der Vegetation bestand. So wurden z. B. folgende Werte ermittelt: Weide 2750 cpm, Rotklee 2700 cpm, Getreide 2630 cpm, Mais 2620 cpm, gepflügtes Feld 2580 cpm. In der Nähe eines Strohschobers ergaben sich sogar 4425 cpm. Dieses Ergebnis konnte auch durch die Messung an veraschten Pflanzen erhärtet werden. Messungen vor dem Kriege an Pflanzenaschen haben Werte ergeben, die um eine Größenordnung kleiner sind, so daß es sich wohl um rezente Verunreinigungen mit radioaktiven Substanzen handelt, die in den Pflanzen akkumuliert wurden. Da nun der Einfluß der Vegetation größer ist als der der Gesteine, sind oberflächige Strahlungsmessungen für die Prospektion auf Kohlenwasserstoffe sehr problematisch geworden. In Ungarn ist man deshalb zum Studium der Radonkonzentration

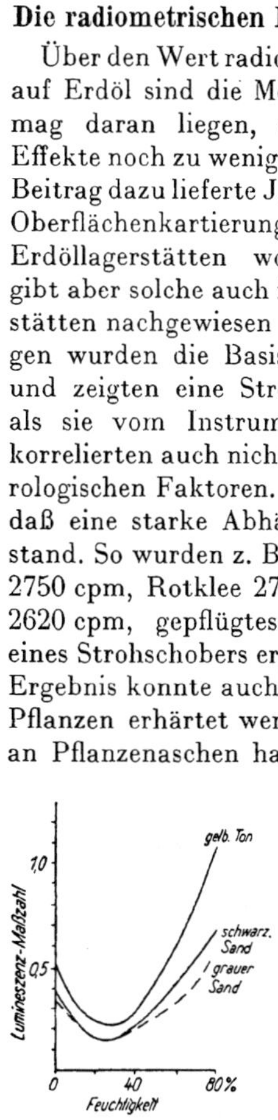

Abb. 2. Zusammenhang zwischen Lumineszenz und Bodenfeuchtigkeit (n. RISCHÁK)

der Bodengase übergegangen, die bessere Ergebnisse liefert.

Auch in der UdSSR (SOKOLOW u. a. 1959) wird diese Methode kritisch geprüft. Es ergab sich, daß die Gammastrahlen aussendenden Uranminerale an die Ionenaustauscher der Gesteine gebunden sind, die leicht mit entsprechenden Reagenzien ausgewaschen werden können.

Die Versuche in der DDR (ROTHE 1959) haben über einer Erdöllagerstätte und einer höffigen Struktur Anomalien ergeben, deren Deutung aber noch nicht gesichert ist.

Die Ursachen der radioaktiven Anomalien können nach unseren bisherigen Kenntnissen nur oberflächennah liegen. Die beste Erklärung bleibt nach wie vor die, daß es sich dabei, soweit nicht die von TATÁR untersuchten Effekte entscheidend sind, um die Wirkung von radioaktiven Migrationsprodukten handelt. Sie gelangen wie andere Stoffe der unterirdischen Lagerstätten durch die verschiedenen Möglichkeiten der Stoffwanderung oder mit Wässern, die sich auf ihrem Wege durch ihre chemische Wirkung mit gelösten radioaktiven Stoffen beladen, nach oben. Diese Methode wird daher mit Recht als geochemische anerkannt, da ihr doch dieselben Voraussetzungen zugrunde liegen. Radioaktive Stoffe sind bekanntlich gelegentlich in den Erdölen, stärker aber in den Lagerstättenwässern angereichert und können daher der Erdölprospektion dienen. Hier bleibt allerdings zu untersuchen, ob noch andere geologische Faktoren vorhanden sind, die ähnliche Anomalien erzeugen können.

Mikrobiologische Prospektionsmethoden und andere biologische Verfahren

Um die bisherigen Verfahren zu beschleunigen, wurden im polnischen Erdölinstitut (LUCHTER 1958, KARASKIEWICZ 1959) Geräte für den schnellen Nachweis der biologischen Tätigkeit, die sich durch den Gasverbrauch der Mikroben anzeigt, entwickelt. Mit diesen Detektoren können die Analysen etwa innerhalb von 10 Tagen durchgeführt werden.

Wichtige Untersuchungen in der UdSSR (MOGILEWSKI) ergaben, daß sich die Propanspezialisten sehr gut für die Regionalaufnahme eignen und allein kennzeichnende Werte ergeben, da die Methankonzentration im Boden nicht charakteristisch ist. Interessante Versuche führten auch zum Nachweis der Selektionsmöglichkeit durch Propanbakterien.

Wie zu erwarten, stimmen sowohl die in Polen als auch in anderen Ländern durchgeführten Geländeaufnahmen mit anderen geochemischen Ergebnissen gut überein.

Die Verwendungsmöglichkeit von Bakterien bei der Förderung wurde weiter geprüft. Sie ist jedoch im polnischen Erdölinstitut (KARASKIEWICZ 1959) nicht über erfolgreiche Laborergebnisse hinausgekommen. Bei Flutungsversuchen brachten die mit *Desulfovibrio* und *Pseudomonas* versetzten Flutwässer eine 150%ige Steigerung der Erdölausbeute.

In der ČSR (DOSTÁLEK) sind erfolgreiche Feldversuche zum Nachweis der Kontinuität und Permeabilität von Lagerstätten mit Hilfe von Mikroben abgeschlossen worden. Bei dieser Methode wird in die Lagerstätte eine geeignete Nährlösung eingepreßt und Richtung und Geschwindigkeit der Wanderung festgestellt. Beobachtet werden die Lagerstättenbakterien der Gattung *Desulfovibrio*. Sie sind im allgemeinen in den Lagerstätten und Wässern in einer Anzahl von 10^3 bis 10^5 je ml enthalten. Beim Einpressen der Nährlösung beginnt aber eine in logarithmischer Kurve zunehmende Vermehrung der Bakterien, und zwar in der Einpreßsonde nach 2 bis 3 Tagen, in den Entnahmesonden entsprechend der Wanderungsgeschwindigkeit im Gestein später (Abb. 3).

Welche große wirtschaftliche Bedeutung das Forschungsthema „Mikroben in der Erdölförderung" haben kann, ist aus einer Arbeit von GRANIER (1959) ersichtlich, die kürzlich veröffentlicht wurde.

Beim Einpressen von Wasser zur Flutung einer Lagerstätte in Marokko fiel nach kurzer Zeit die Permeabilität stark ab, und die Einpreßsonde nahm kein Wasser mehr auf. Reinigungsoperationen konnten nur kurze Zeit helfen. Es ergab sich, daß die Poren mit Schwefeleisen verstopft waren, das nur durch die

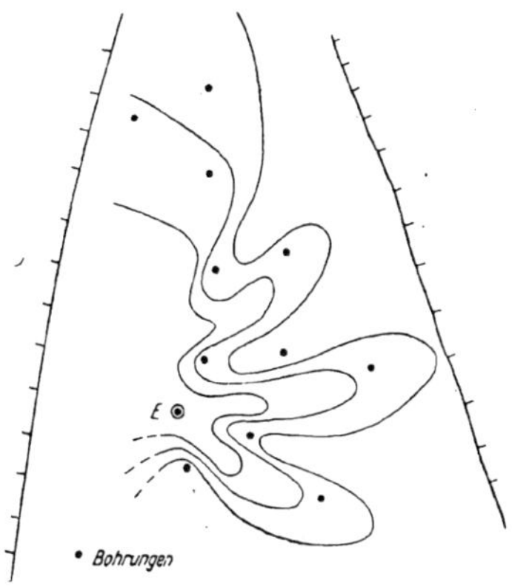

Abb. 3. Wanderungsgeschwindigkeit der Mikroben (Isolinienabstand 10 Tage) in einem langjährig fördernden Feld mit Zungenbildung
E – Einpreßsonde (n. DOSTÁLEK)

Tätigkeit von Bakterien der Gattung *Desulfovibrio* zu erklären war, da diese Stoffe im Einpreßwasser nicht vorhanden waren. Eine Behandlung der Flutungswässer mit Bakteriziden machte sich also notwendig.

Die Konferenz erachtete es als wichtig, die mikrobiologischen Untersuchungen in allen Ländern weiterzuführen.

Untersuchungen zur Gasdiffusion

Die Grundlage der bisher besprochenen Verfahren bildet die Stoffwanderung aus der Lagerstätte zur Oberfläche. In einer Arbeit von STEGENA (EÖTVÖS-Institut, Budapest) wurde versucht, den Betrag der vertikalen Diffusion quantitativ abzuschätzen. Er geht vom FICKschen Gesetz aus, statt des LAPLACE-Operators wird aber die Gleichung für eindimensionale Bewegung benutzt.

$$\frac{\partial C}{\partial t} = D \frac{\partial^2 C}{\partial x^2}$$

C = Konzentration
X = Entfernung
D = Diffusionskoeffizient

Zur Lösung werden die Randbedingungen eingeführt. Es wird angenommen, daß die Lagerstätte zur Zeit $t = 0$ gebildet wurde, die Gaskonzentration sich während der Diffusion nicht ändert und die Konzentration an der Erdoberfläche 0 ist. Die partikuläre Lösung wird in eine Reihe entwickelt und die Konstanten nach dem FOURIER-Integral bestimmt. Die Endlösung, die die Konzentration C in der Tiefe x zur Zeit t angibt, ist:

$$C(t, x) = C_0 \left(\frac{x}{h} + \frac{2}{\pi} \sum_{n=1}^{\infty} \frac{(-n)^n}{n} + e^{-\frac{n^2 \pi^2}{h^2} \cdot Dt} \cdot \sin \frac{n \pi x}{h} \right)$$

C_0 ist die Konzentration der gelösten Gase an der Grenze der Lagerstätte, h die Tiefe der Lagerstätte, D der Diffusionskoeffizient, n eine ganze Zahl. Für C_0 wird angenommen 0,1 Ncm^3 CH_4/cm^3, h wird zu 1000 m eingesetzt und für D Werte zwischen 10^{-2} und 10^{-8}.

Im ungünstigsten Fall, also bei praktisch impermeabler Überdeckung mit $D = 10^{-8}$, ist die notwendige Zeit bis zur Erreichung eines stationären Flusses an der Erdoberfläche $31 \cdot 10^9$ Jahre, für 10^{-6} und 333 m Tiefe sind es z. B. $310 \cdot 10^6$ Jahre, was im geologischen Zeitbereich der Lagerstätten liegt. Ein Viertel dieser Zeit ist anzusetzen, wenn man das Gas an der Erdoberfläche erstmalig nachweisen will. Bezüglich der Menge ergibt sich bei $D = 10^{-6}$, $C_0 = 0,1$ und $h = 1000$ m in 310 Mill. Jahren eine Diffusionsmenge von

$$M \approx 0,8 \cdot 10^{16} \cdot 10^{-12} = 0,008 \text{ m}^3/\text{cm}^2$$

Einige weitere Werte gibt die Tabelle für Lagerstätten verschiedener Teufe und verschiedener Diffusionskoeffizienten an.

D \ Teufe m	3000	2000	1000	500	330	250
10^{-8}	90000	40000	10000	2500	1100	620
10^{-7}	9000	4000	1000	250	110	62
10^{-6}	900	400	100	25	11	6,2
10^{-5}	90	40	10	2,5	1,1	0,62
10^{-4}	9	4	1	0,25	0,11	0,062

Die zur stationären Diffusion benötigten Zeiten in Millionen Jahren, berechnet für eine Tiefe von 2 m (n. STEGENA). Die stationären Konzentrationswerte liegen in der Größenordnung 10^{-4} cm^3/cm^3.

Hieraus ist ersichtlich, daß die Diffusion in geologischen Zeiten einen durchaus merkbaren Beitrag zur Stoffwanderung gibt, wenn auch die anderen Migrationsformen einen um Größenordnungen bedeutenderen Betrag liefern.

Wenn das Problem dreidimensional behandelt wird, dürften sich für die stationäre Konzentration etwas kleinere, für die dazu nötige Zeit etwas größere Werte ergeben.

(Das Literaturverzeichnis wird zusammen mit Teil 2 dieser Arbeit in einem der nächsten Hefte veröffentlicht.)

Mitteilung über Ergebnisse einer Exkursionsreise im tschechoslowakischen Teil von Lausitz und Westsudeten

GOTTFRIED HIRSCHMANN, Freiberg (Sa.)

In der Zeit vom 23. 10 bis 6. 11. 1959 hatte der Berichterstatter im Rahmen einer TWZ-Reise in die ČSR Gelegenheit, an Exkursionen in der Lausitz und in den Sudeten teilzunehmen.

Wichtige neuere Erkenntnisse, die bei der Bearbeitung des Anteils der Westsudeteneinheit innerhalb der DDR besonders interessieren, liegen aus folgenden Gebieten vor:

a) Rumburker Granit in der Gegend der oberen Neiße (Nisa). An der Neiße bei Kratzau (Chrastava) und Weißkirchen (Bílý Kostel) stehen Orthogneise an, die von H. EBERT (1943) und K. PIETZSCH (1956) als epimetamorphe Äquivalente des Dohna-Seidenberger Granodiorits gedeutet wurden. Durch eine Diplomarbeit an der Karls-Universität Prag (MACAK — auf Grund mündlicher Mitteilung) konnte jetzt nachgewiesen werden, daß der nicht oder wenig veränderte Rumburker Granit durch Zunahme der Beanspruchung allmählich in die ebengenannten Neißegneise (J. GRÄNZER) übergeht. Damit wäre die Zugehörigkeit zum Rumburker Granit bestätigt.

b) Profil des Isertals (Jizera). Durch die z. Z. noch laufende Spezialkartierung des Isergebirges (J. CHALOUPSKÝ) konnte bisher das von O. KODYM und J. SVOBODA (1948 und 1955) gegebene stratigraphische Schema für die Phyllitserien des Iser-Riesengebirgsraumes bestätigt und verfeinert werden. Im Isertal ist nur ein, z. T. aber recht mächtiger Quarzithorizont des höheren Ordoviziums (tiefstes Silur?) vorhanden. Darunter wurde ein zweiter (ordovizischer oder älterer) Karbonathorizont, lokal mit Grünschiefern vergesellschaftet, beobachtet. Seine Mächtigkeit ist gering. Da die Schichtenfolge des Ordoviziums nach unten bisher offen ist, besteht die Möglichkeit — was für paläogeographische Erwägungen bei der Bearbeitung des Lausitzer Altpaläozoikums besonders interessant wäre —, daß der liegende Karbonathorizont eine ähnliche stratigraphische Stellung einnimmt wie die Kalke des Kambriums in der Lausitz und im Bober-Katzbachgebirge. Das Isergebirge hätte damit vielleicht auch zu dieser Zeit noch am Rande der mitteleuropäischen kaledonischen Geosynklinale gelegen.

Interessant ist die Geröllführung der lokal konglomeratischen Quarzite des Ordoviziums im Isertal: Neben Quarz treten reichlich Blauquarze und Quarz-Turmalin-Gesteine auf. J. CHALOUPSKÝ möchte diese Gerölle wenigstens teilweise vom Rumburker Granit (vorordovizisch) bzw. von den Kontaktgesteinen eines solchen alten Intrusivs ableiten.

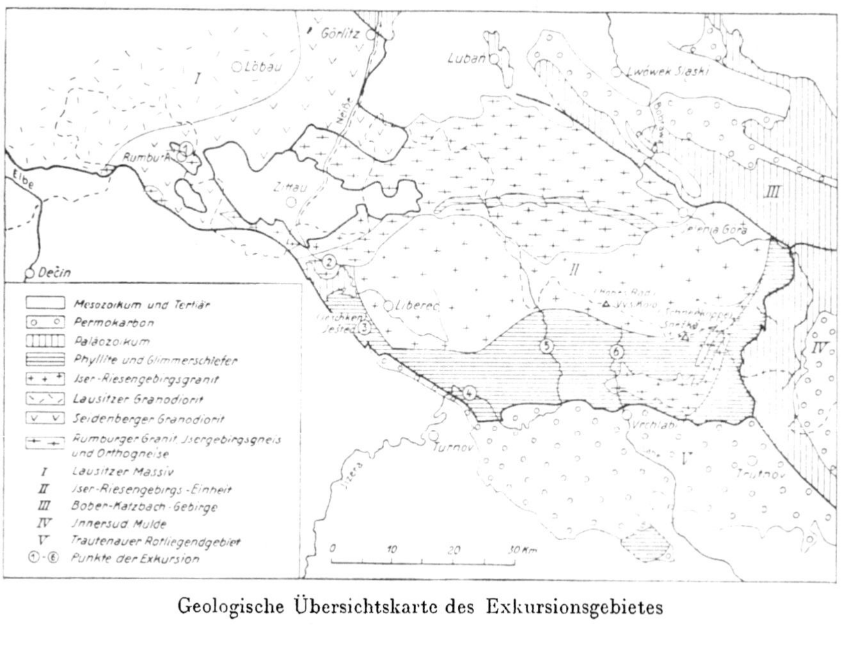

Geologische Übersichtskarte des Exkursionsgebietes

Die Abbildungen J. CHALOUPSKÝs von den Quarz-Turmalin-Gesteinen zeigen die große Ähnlichkeit mit den Geröllen aus der Hohen Dubrau bei Niesky (vgl. K. PIETZSCH 1938). Bezüglich der weiteren Geröllführung (z. B. Granit) müssen die Ergebnisse der eingehenden Bearbeitung durch den tschechischen Kollegen abgewartet werden.

c) Die kleintektonische Bearbeitung des Iser- und Riesengebirges (M. MÁŠKA 1954) zeigte die Unmöglichkeit, die Hypothese eines Deckenbaues in diesem Raume aufrechtzuerhalten. Das Iser-Riesengebirge bildet eine tektonische Einheit. Die Ergebnisse M. MÁŠKAs werden an anderer Stelle eingehend referiert.

Es wird verständlich, daß eine genaue Klärung der stratigraphischen, paläogeographischen, tektonischen und magmatischen Beziehungen im Westsudetenraum und in der Lausitz nur in enger Zusammenarbeit zwischen Geologen der ČSR und DDR sowie der Volksrepublik Polen erfolgen kann.

Literatur

CHALOUPSKÝ, J.: Geologisch-petrographische Verhältnisse im Isertal zwischen Dolní Rokytnice und Harrachov (Deutsches Resumé der tschech. Arbeit). — Sborn. ústř. úst. geol., Prag 1957.

EBERT, H.: Das granitische Grundgebirge der östlichen Lausitz. — Preisschr. Fürstl. Jablonowsk. Ges., Leipzig 1943.

KODYM, O. & J. SVOBODA: Kaledonischer Deckenbau im Iser- und Riesengebirge (engl. und russ. Resumé der tschech. Arbeit). — Sborn. státn. géol. úst., Prag 1948.

MÁŠKA, M.: Zur tektonischen Analyse des Kristallins. — Knihovna ÚÚG, sv. 27, Prag 1954 (tschechisch).

PIETZSCH, K.: Das Schiefergebirge am Nordrande des Lausitzer Granitmassivs. — Ber. Sächs. Akad. Wiss., math. phys. Kl., Leipzig 1938.
— Geologie von Sachsen. — 2. Aufl., Deutscher Verlag der Wissenschaften, Berlin 1956.

Lesesteine

Eine Südamerikareise

In seinem 1958 erschienenen Buch „Öl regiert die Welt" schreibt J. JOESTEN S. 235:

„DWIGHT D. EISENHOWER, der Präsident der Vereinigten Staaten, wäre ohne die massive ‚Hilfestellung' der Ölindustrie niemals in das Weiße Haus eingezogen. Diese Hilfestellung nötigt ihn immer wieder zu Rücksichtnahmen innerhalb seiner Amtsführung, die bis in die Sphäre der US-Gesetzgebung hinaufreichen."

So belastet trat EISENHOWER Ende Februar 1960 seine Südamerikareise an, und zwar vorwiegend in denjenigen Teil der westlichen Hemisphäre, in der die Nationalregierungen anstreben, schon in den nächsten Jahren die eigene Erdölförderung so zu erhöhen, daß ihre Länder von Einfuhren an Roh- und Mineralölen unabhängig werden. In seinem Gepäck befanden sich die Anweisungen NELSON ROCKEFELLERs vom November 1959, „eine panamerikanische Wirtschaftsunion zu bilden, in der es eine freie Zirkulation von Kapital, Personal und Waren geben wird." Durch eine erweiterte MONROE-Doktrin wollen die USA die anderen amerikanischen Staaten gegen jeden „bewaffneten oder unbewaffneten Eindringling" schützen. Jeder Angriff dieser Art auf einen amerikanischen Staat soll als Angriff auf die USA gewertet werden. Mit diesen Gedankengängen erneuerte N. ROCKEFELLER sein „Referat der Rockefellergruppe" von Anfang 1958, in dem er EISENHOWER empfahl, „passende Regierungen an der Macht zu halten", „nationalistischen Ausbrüchen vorzubeugen" und „jede unloyale Opposition oder jeden Widerstand gegen die USA-Politik zu beseitigen oder zu neutralisieren." (Vergl. „Wissenschaft und Fortschritt", 1958, S. 229—232.)

Die fortschrittlichen demokratischen Kräfte Lateinamerikas erkannten klar die imperialistischen Ziele EISENHOWERs. Besonders deutlich brachte dies der Sekretär der Sozialdemokratischen Partei Brasiliens vor dem Parlament zum Ausdruck: „Wir kämpfen für unser Erdöl, gegen eine Ausbeutung durch die USA-Konzerne . . . Nicht auf auswärtige Hilfe kommt es dabei an, sondern auf die Kraft unserer eigenen Arbeit."

Auf der gleichen Sitzung, auf der EISENHOWER später selbst sprach, forderte ein Abgeordneter eine Bodenreform nach dem Beispiel Chinas.

In der dominikanischen Republik hat der Diktator TRUJILLO bisher 75000 Patrioten ermorden lassen. Als EISENHOWER durch Südamerika reiste, flüchteten 17 verfolgte Studenten in die Brasilianische Botschaft, die daraufhin von den Schergen des Diktators mit Panzern und Schützengräben belagert wurde. Dieser Vorgang rief unter Führung der brasilianischen Studenten eine große Protestbewegung in allen lateinamerikanischen Ländern hervor.

Während des Besuches von EISENHOWER hatten die argentinische und die uruguayische Studentenvereinigung in einer gemeinsamen Resolution ausgeführt:

„Wir Studenten heißen zusammen mit unserer Bevölkerung den USA-Präsidenten nicht willkommen. Indem wir ihn nicht beachten, bringen wir unsere Verachtung gegen das, was er repräsentiert, zum Ausdruck. Wir sind gegen die Konzerne und das State Department, weil der USA-Imperialismus der Hauptfeind unsereres Kontinents ist."

Als EISENHOWER in Montevideo ein Bankett abhielt, veranstaltete die Vereinigung der uruguayischen Studenten gemeinsam mit dem Exekutivkomitee der Werktätigen Uruguays eine große Protestversammlung. Sie stand unter dem Motto „Yankees raus!" und „Hilfe für das revolutionäre Kuba!" Als Protest gegen den USA-Imperialismus blieben einer Plenarsitzung des Parlamentes alle Abgeordneten der Sozialistischen Partei, der Kommunistischen Partei und der Demokratischen Union zusammen mit einigen Mitgliedern der Regierungspartei fern.

Während EISENHOWER sprach, wurde ein großes Transparent mit der Losung: „Wir wollen keine Kolonie sein, die Medizinische Fakultät unterstützt Kuba" vor einem Fenster des Sitzungssaales herabgelassen.

In Montevideo geriet EISENHOWER in die Rauchschwaden einer nach ihm geworfenen Teergasbombe, so daß er sich seine tränenden Augen auswischen mußte. In Buenos Aires flog er im Hubschrauber vom Flugplatz zur amerikanischen Botschaft, während Scharen von Demonstranten mit geballten Fäusten zu ihm hinaufdrohten.

Eine Entschließung der chilenischen Sozialistischen Partei brachte zum Ausdruck: „EISENHOWERs Reise ist eine Intervention in die internationalen Angelegenheiten unserer Nationen."

Als Antwort auf die Rede EISENHOWERs riefen die Arbeiter Costa Ricas zur Gründung eines Lateinamerikanischen Gewerkschaftsbundes und zum gemeinsamen Kampf gegen den Imperialismus und für die Befreiung der unterdrückten Völker auf.

Präsident KUBITSCHEW bezeichnete EISENHOWERs Rede vor dem brasilianischen Kongreß als „völlig inhaltslos". Die Gewerkschaft der Ölarbeiter von Venezuela rief zum Kampf gegen die USA-Konzerne auf, die Schürfkonzessionen über riesige Gebiete besäßen, nur einen Bruchteil von ihnen auswerteten und laufend Ölarbeiter entließen.

„Gib uns unser Kupfer wieder!" stand auf Transparenten, die EISENHOWER in Santiago de Chile zu sehen bekam. Wo er auch hin kam, überall war er von einem großen Aufgebot an Polizei und Militär umgeben, so daß seine Fahrt der eines Generals glich, der durch feindliches Territorium fuhr.

Während EISENHOWER zum Kampf gegen Kuba und zum Schutz der blutigen Diktaturen in der dominikanischen Republik, in Nikaragua, Puerto Rico und anderen Staaten aufrief, als amerikanische Bomben kubanische Zuckerrohrplantagen in Brand setzten, erklärte der Außenminister von Venezuela, dem größten Erdölproduzenten Lateinamerikas, sein Land sei in Freundschaft und Brüderlichkeit innig mit Kuba verbunden. Und in der Pekinger Universität fand in Anwesenheit südamerikanischer Studentendelegationen eine Massenversammlung unter der Losung statt: „Wir chinesischen Studenten stehen an der Seite der kubanischen und lateinamerikanischen Studenten und Völker im Kampf gegen die imperialistische Aggression der USA und für die Verteidigung des Weltfriedens."

Das „Wallstreet Journal" hatte, als Organ des Finanzkapitals, von der Reise EISENHOWERs erwartet, sie werde Lateinamerika „von dem USA-feindlichen Fieber" durch „eine Hand voll Gold und honigsüße Worte" heilen können.

In Wirklichkeit zeigte der Besuch EISENHOWERs etwas ganz anderes:

Das Grollen eines Vulkans, ein weiteres politisches und ökonomisches Erwachen Südamerikas und die Erstarkung des nationalen und sozialen Widerstandes, in dem sich Werktätige, Studenten und nationale Bourgeoisie zur Überwindung des USA-Kolonialismus in einer unüberwindlichen Phalanx zu vereinen im Begriff sind. E.

Rhabdomanten

„Rhabdomanten", Wahrsager mit dem Stab, nannte man im Mittelalter die abergläubischen Menschen, die schon zur Zeit der Steinzeit meinten, durch eine Wünschelrute (wünschen = zaubern, z. B. in „verwünschen", „Wunziligerta" usw.) übernatürliche Kräfte zu erhalten.

Dieser in den sozialistischen Ländern verschwundene Spuk erlebt z. Z. in Westdeutschland eine neue Blütezeit. Über die Wünschelrutengänger in den USA macht man sich zwar lustig, propagiert aber gleichzeitig im Lande des Wirtschaftswunders diesen metaphysischen Unfug.

Das „Hamburger Abendblatt" vom 12. 10. 1959 berichtet: „In einer Gemeinde des Staates New York reichte die Wasserversorgung nicht mehr aus. Ein Rutengänger forschte mit Erfolg nach neuen Quellen. Die Rute schlug kräftig aus, Brunnenbauer begannen sofort mit der Arbeit und fanden — die Hauptwasserleitung."

Diesseits des Ozeans betrachtet man die Rutengängerei wesentlich anders. Die „Westfälische Rundschau" Dortmund (7. 10. 1959) teilt mit, daß am 6. Oktober 1959 ein Wünschelrutengänger auf dem Hansaplatz in kurzer Zeit drei unterirdische Wasseradern gefunden habe, und zwar zwei starke und eine schwache. Seit 1923 hat dieser Rutengänger „allein in Dortmund weit über 100 Quellen gesucht und gefunden." Er wünschelte mit:

„zwei trockenen Riedhölzern, die an den unteren Enden mit einer kleinen Messinghülse verbunden waren. Er gehört zu jenen Menschen, deren Nervensystem empfindlich auf unterirdische physikalische Erscheinungen, wie z. B. kristalline Wasserbestandteile, reagiert. Diese Nervenreize äußern sich in reflektorischen Muskelkrämpfen, die der Bewußtseinskontrolle entzogen sind. Erstaunlich war jedenfalls die Sicherheit, mit der sich der Rutengänger gestern morgen auf dem Hansaplatz seiner Aufgabe entledigte."

Noch erstaunlicher ist das Treffen der Rutengänger und Pendler, zu dem sich auf Einladung der „Evangelischen Akademie" Anfang Oktober 1959 in Tutzing die Anhänger der „Radiästhesie" zusammenfanden. Hierzu weiß die „Deutsche Zeitung und Wirtschaftszeitung" Stuttgart vom 15. 10. 1959 zu berichten:

„‚Radiästhesie' bedeutet im wörtlichen Sinne ‚Strahlenfühligkeit', gemeint ist das Reaktionsvermögen sensibel veranlagter Menschen gegenüber Strahlen oder Kraftfeldern; der Körper wird zur Antenne, die Rute oder das Pendel zum Indikator . . .

1948 wurde der Verband für Ruten- und Pendelkunde neu gegründet. Verdienstvolle Forscher aus dem Gebiet der Physik, der Geologie, der Medizin und der Parapsychologie nahmen sich der jungen, alten Wissenschaft an."

So sucht man mit dem „geheimnisvollen, magischen Reis" die sogenannten „Reizstreifen". Der Physiker Dr. phil. Dr. med. J. Wüst, der an dieser metaphysischen Tagung teilnahm, schlug vor, die Bezeichnung Radiästhesie durch Microklimatologie zu ersetzen, da die Rutengänger eben nicht auf „Strahlen", sondern höchstens auf „feinste klimatologische Eindrücke" reagierten.

Ein Dr. med. Beck setzte sich für die Existenz von „Reizstreifen" ein, die durch krankmachende „Erdstrahlen" zur Bildung „pathogener Zonen" führten. Aber „der Ausdruck Strahlung darf nur solange bildlich verwertet werden, bis ihr eigentliches Wesen wissenschaftlich geklärt ist."

Prof. Bender, der seit 1954 den Lehrstuhl für Parapsychologie in Freiburg im Breisgau innehat, berichtete, daß während des 2. Weltkrieges 20 Pendler im Deutschen Kriegsministerium saßen, wo sie auf Seekarten feindliche Einheiten feststellen sollten.

„Das atemlose Publikum nahm jedoch noch andere glaubwürdige und dennoch ‚überdimensional' erscheinende Fälle aus der parapsychologischen Praxis zur Kenntnis."

So war dann der Grundtenor dieser metaphysischen Tutzinger Tagung der evangelischen Akademie das Streben: „Hin zu Gott".

Das einzig Bemerkenswerte war demgegenüber ein Angriff auf die Leiter der westdeutschen geologischen Landesämter, die 1950 in Heidelberg alle Experimente mit Wünschelrute und Pendel als unwissenschaftlichen Unfug abgelehnt hatten. Sie bestätigten damit den einzig möglichen wissenschaftlichen Standpunkt. Bedauerlich ist nur, daß dieser sich in Westdeutschland im Gegensatz zu den osteuropäischen Ländern noch nicht durchsetzen konnte und daß eine unfreie, vom Finanzkapital abhängige Tagespresse solchen gegen die gesamte Forschung gerichteten Unsinn weiterhin publizieren kann, um so die ernsthafte geologische Forschung zu behindern und in Mißkredit zu bringen. L.

Besprechungen und Referate

Crowell, J. C.

Problems of Fault Nomenclature

Bull. Amer. Assoc. Petrol. Geol., Vol. 43 (1959), Nr. 11, S. 2653—2674

Zur genauen Beschreibung von Verwerfungen trennt Verfasser zwei Begriffe — nämlich „slip" und „separation" — scharf voneinander.

1. Unter slip wird die durch die Verwerfung bedingte relative Dislokation ehemals zusammenliegender Punkte verstanden, die in der Verwerfungsfläche gemessen wird, d. h., der Bewegungsvorgang kann im Raum genau rekonstruiert werden. Die Resultierende der Bewegung bezeichnet er als „net slip", die im Streichen bzw. im Fallen liegenden Komponenten als „strike" und „dip slip". Die Festlegung des Bewegungsvorganges kann jedoch nur vorgenommen werden, wenn Lineare versetzt sind, deren ehemalige Zusammengehörigkeit genau nachweisbar sein muß (z. B. Schnittkante zweier sich schneidender Gänge, Spur eines Ganges oder Schichtfläche auf einer Diskordanz, Außenkante einer auskeilenden Sandlinse).

2. In der Regel findet der Geologe jedoch keine dislozierten Lineare, sondern versetzte Ebenen. Zur Beschreibung derartiger Verhältnisse wird der Terminus separation verwendet, der rein beschreibend den Abstand der durch die Störung versetzten Ebenen in genau zu definierenden Schnitten (z. B. Schnitt parallel zur Verwerfung, Schnitt senkrecht zur Streichlinie der Verwerfung, Horizontalschnitt) angibt. Es muß natürlich auch ersichtlich sein, in welcher Richtung die Messung vorgenommen wurde. Zeigen die versetzten Ebenen auf beiden Seiten der Störung gleiches Streichen und Fallen, genügt die Angabe, daß parallel zum Streichen der Störung, parallel zur Fallinie der Störung oder senkrecht zur Schichtung gemessen wurde. Bei verschiedenem Streichen und Fallen der verworfenen Flächen müssen jedoch noch Ortsangaben gemacht werden, da natürlich der Versatz einer Fläche an den einzelnen Punkten verschieden groß ist. Bei der Beschreibung von versetzten Ebenen empfiehlt es sich, bei der Angabe des Bewegungssinnes das Wörtchen wahrscheinlich hinzuzusetzen, weil durchaus eine im Querschnitt als Aufschiebung deutbare Struktur durch eine Schrägabschiebung entstanden sein kann. Zu dieser terminologischen Gruppe gehören auch die Begriffe Sprungweite und Sprunghöhe, die damit auch nur rein beschreibend verstanden werden dürfen.

In der Praxis (speziell in der Erdölgeologie) wird sich der Geologe bei der Erkundung von Verwerfungen zunächst darauf beschränken müssen, rein beschreibend die Abstände der versetzten Ebenen in den erkundeten Schnitten anzugeben (separation-termini). Erst wenn bei weiterer Erkundung versetzte Lineare zu erkennen oder zu konstruieren sind, kann der Bewegungsvorgang der Störung vektoriell festgelegt werden. H.-J. Paech

Unter der Redaktion von N. B. Wassojewitsch

Fragen der Erdölbildung

Trudy WNIGRI, Ausgabe 128, Gostoptechisdat, Leningrad 1958

Im vorliegenden Sammelwerk sind vier Arbeiten zusammengestellt, die unmittelbar oder mittelbar mit den vom WNIGRI 1950—1955 im Nordostkaukasus durchgeführten Untersuchungen zusammenhängen. Sie alle tragen noch einen vorläufigen Charakter, da zu der Zeit der Zusammenstellung des Sammelwerkes (1956) auf der einen Seite die experimentellen Untersuchungen noch nicht abgeschlossen waren und auf der anderen die Analyse und die Verallgemeinerung des gesammelten Materials von den Autoren noch nicht abgeschlossen wurde.

Die erste Arbeit von N. B. WASSOJEWITSCH behandelt Fragen der Erdölbildung in terrigenen Gesteinen, die bei den Untersuchungen des mittleren Miozäns im Nordostkaukasus beleuchtet wurden, also besonders die Vorsenken betreffen. Der Beginn der Arbeit wird mit einer Darlegung der wichtigsten Gesetzmäßigkeiten der Veränderung des Erdöls in der Erdrinde gebildet, die es erlauben, einen Erdöltyp auszuscheiden, den man als am wenigsten durch sekundäre Prozesse metamorphosierten Typ ansehen kann. Weiter wird gezeigt, daß im dispersen Zustand in den untersuchten tonigen Gesteinen ein ähnlicher Erdöltyp vorhanden ist, das sogenannte Mikroerdöl, dessen Vorräte die Erdölvorräte in den Speichern übersteigen. Es wird die Behauptung begründet, daß das primäre disperse Erdöl, das Mikroerdöl, die Quelle des eigentlichen, in den Fallen konzentrierten Erdöls ist. Weiter wird ein embryonales Mikroerdöl betrachtet, das in den heutigen und den halbfossilen Sedimenten subaquater Herkunft angetroffen wird und mit dem Mikroerdöl viele gemeinsame Züge aufweist. In den letzten Kapiteln wird die weite Verbreitung des Mikroerdöls in den Sedimenten der Erdkruste unterstrichen und die Vorstellung des Autors zu den Fragen der Migration des Erdöls aus den tonigen Muttergesteinen in die mit dieser wechsellagernden sandigen Speichergesteine dargelegt.

Die wichtigsten Schlußfolgerungen, zu denen der Autor kommt, kann man folgendermaßen zusammenfassen: Bei der Erdölbildung in terrigenen Gesteinen kann man zwei sich nur teilweise überschneidende Stadien unterscheiden: 1. die Bildung eines primären, dispersen Mikroerdöls vorwiegend in tonigen Gesteinen und 2. seine Migration aus den Muttergesteinen in die Speichergesteine und in den Speichergesteinen die Migration und Akkumulation in Fallen.

In der zweiten Arbeit des Sammelwerkes, von W. A. USPENSKI u. a., wird ein Beitrag zur genetischen Klassifikation dispersen organischen Materials gegeben. Als Grundlage der vorläufigen Klassifikation wurde eine chemische Klassifikation fossiler Kohlen gewählt. Hier werden sieben genetische Typen nach dem Charakter des Ausgangsmaterials und acht Stadien der Metamorphose ausgeschieden. Für die Untersuchungen wurde von W. A. USPENSKI das erste Mal in der Geschichte eine fraktionelle Gruppenanalyse des dispersen Erdöls (Mikroerdöl) durchgeführt mit Hilfe einer Methode, die bis jetzt nur für Makroerdöl Verwendung fand. Diese Analysen bestätigten die große Ähnlichkeit des Mikro- und Makroerdöls, die vom Standpunkt der organischen Theorie nicht verwunderlich, vom Standpunkt der anorganischen aber unerklärlich ist.

In der Arbeit von T. L. SIMAKOWA u. a. werden von Biologen und Chemikern gemeinsam durchgeführte Versuche zur bakteriologischen Oxydation zweier Erdöltypen (paraffinhaltiges aus dem Oktjabrski-Feld und nichtparaffinhaltiges aus dem Starogrosny-Feld) beschrieben. Dabei wurden verschiedene chemische Veränderungen wahrgenommen. Interessant ist die festgestellte Tatsache, daß nicht irgendeine Gruppe von Bakterien, sondern die gemeinsame Tätigkeit verschiedener physiologischer Bakteriengruppen Veränderungen hervorrufen.

Zum Schluß wird von N. B. WASSOJEWITSCH eine Einschätzung der von N. A. KUDRJAWZEW an der organischen Theorie geübten Kritik gegeben. Es wird festgestellt, daß ein Teil der Kritik nicht berechtigt ist, ein anderer sich aber gegen falsche Varianten der organischen Theorie wendet.

F. WEGERT

ILLING, C. V.

Deposition and Diagenesis of Some Upper Palaeozoic Carbonate Sediments in Western Canada

V. Welterdölkongreß, New York 1959, Section I, Paper 2

Diese Arbeit ist eine ausgedehnte Studie karbonatischer Gesteine in Alberta, Westkanada, in denen ³/₄ der dortigen Erdölvorräte vorkommen. Sie versucht, den Ursprung, die Sedimentationsbedingungen und die Diagenese zu erkunden. Für das Oberdevon sind Riffe kennzeichnend (Redwater, Leduc), die den Rändern untermeerischer Kalkbänke aufsaßen. Die sedimentbildenden Algen und Stromatoporoide bildeten einen Rahmen, hinter dem sich in ruhigem Wasser bioklastische und lagunäre Sedimente ablagerten. Die Riffe wurden epigenetisch dolomitisiert durch Wasser mit hohem Mg/Ca-Verhältnis, das sowohl den unterlagernden als auch den lagunären Ablagerungen entstammt und bei der Diagenese frei wurde. Es benutzte die Riffe wegen deren Permeabilität als Migrationsweg. Durch sekundäre Anhydritausscheidung wurden die Poren weitgehend ausgefüllt, so daß heute Risse und Klüfte für die hohe Permeabilität eine Rolle spielen.

Im Mississippi-System treten dann drei Sedimentationszyklen auf, die durch Spiegelschwankungen des sich zurückziehenden Meeres im Schelfbereich des Kanadischen Schildes entstanden. In den verhältnismäßig sehr warmen Wässern beginnt der Zyklus bei größerer Meerestiefe mit tonigkieseligen Kalken bioklastischer Herkunft (aus dem Zerfall von Schalen und Skeletten). Im flacheren Wasser entsteht dann bioklastischer Kalkstein und Kalksandstein mit feiner Matrix, die bei Gesteinen nahe der Wellenbasis ausgewaschen wird. Dann zeigen Oolithe den Beginn der Eindampfung und höhere Salinität an. Es folgen als kryptokristalline Gemische Ausfällungen, Kalke, Dolomite, Anhydrite. Dieser Zyklus wiederholt sich in Alberta dreimal, kann aber auch in anderen Gebieten Kanadas beobachtet werden.

Zur diagenetischen Umbildung zu Dolomiten neigen wegen ihrer Wegsamkeit die bioklastischen Sedimente, die auch die größte Bedeutung als Speichergesteine haben.

MEINHOLD

GARREAU, B.

Dolomitisation et problèmes de réservoir dans le champ de Parentis

DE CHARPAL, O. L., L. MONTADERT, Y. C. GUBLER & P. E. ROUGE

Recherches sur des phénomènes de dolomitisation d'origine structurale

BARON, G. A. & I. H. FAVRE

Recherches expérimentales sur le rôle des facteurs physico-chimiques dans la synthèse de la dolomie

Contribution Française à l'étude de la dolomitisation, V. Welterdölkongreß, New York 1959, Section I, Paper 3

Im ersten Teil wird das kalkig-dolomitische Speichergestein des Ölfeldes Parentis untersucht, das der Unterkreide und dem oberen Jura angehört. Es liegt in einer karbonatischen Serie von 400 m Mächtigkeit mit zahlreichen Mergellagen. Die primäre Porosität ist sehr gering, meist ist der Kalk dicht. Die produktiven Zonen sind an dolomitisierte Partien gebunden, die bis 35% Porosität und 12 d Durchlässigkeit erreichen können. Andere dolomitisierte Partien sind jedoch dicht, was auf sekundäre Zementation zurückgeführt wird. Nur der liegende, jurassische Dolomit wird als primär betrachtet. Es wird angenommen, daß die zur Umwandlung nötigen Magnesiumlösungen dem Jura entstammen, wo sie bei der Diagenese frei wurden und dann in die zerklüfteten Zonen der Kreide einwanderten und dort den Kalk in Dolomit umwandelten.

Im zweiten Teil werden Dolomite aus den provençalischen Alpen und vom Rande des Zentralmassivs chemisch, sedimentpetrographisch, mineralogisch und kleintektonisch untersucht. Die dolomitisierten Zonen setzen quer durch Kalksteinschichten hindurch, und es zeigte sich, daß sie ihre Bildung besonders zerklüfteten Zonen des ursprünglichen Kalksteins verdanken.

Im dritten Teil werden die physikochemischen Bildungsbedingungen für den Dolomit untersucht. Versuche zur Dolomitsynthese lassen erkennen, daß es möglich ist, aus meerwasserähnlichen Lösungen mit CaCl und MgCl Dolomite durch Hinzufügen von CO_3-Ionen bei 150°C auszufällen, wenn ein CO_2-Druck von 5 kg/cm² angewendet wird. Eine Rolle spielt auch der p_H-Wert; er regelt die Lösungsverhältnisse im System.

MEINHOLD

FLORES, G.

Evidence of Slump Phenomena (Olistostromes) in Areas of Hydrocarbon Exploration in Sicily

V. Welterdölkongreß, New York 1959, Sect. I, Paper 18

Der Begriff „Olistostrome" ist vom Autor in einer früheren Arbeit eingeführt worden für mächtige chaotische Massen, die durch Abrutschen von Steilhängen untermeerisch gebildet wurden. Sie bestehen aus Material der verschiedensten Formationen und enthalten Blöcke, die bis Hunderte von Kubikmetern gr6ß sind (Olistolithe). Die Ansicht, daß es sich um Rutschmassen handelt, wurde nun durch Erdölbohrungen auf Sizilien bestätigt. Es fanden sich nicht nur über- und zwischengelagert, sondern auch unter den Olistostromen wieder ungestörte Sedimente. Den Olistostromen gehen voran oder folgen Ablagerungen von Trübeströmen (turbidity currents). Eine tektonische Erklärung dieser Ablagerungen führt zu fehlerhaften Interpretationen und zu wirren Bildern, wenn man etwa aus dem Fossilinhalt der Olistolithe das Alter bestimmt. Für die Erdölerkundung ist wichtig, daß man auch unter diesen chaotischen Ablagerungen wieder günstige Strukturen finden kann. MEINHOLD

LEVORSEN, A. I.

Outlook for Petroleum Exploration

V. Welterdölkongreß, New York 1959, Section I — Paper 23

Nach Ansicht des Autors wird die zukünftige Entwicklung der Erdölforschung und -erkundung von drei grundlegenden Faktoren bestimmt: vom Stand der Technologie, von der Exaktheit der wissenschaftlichen Konzeptionen und dem „Explorationsklima“, d. h. von den politischen und wirtschaftlichen Verhältnissen, die in den höffigen Gebieten und in den Erdölfeldern herrschen.

Die Technologie wird nach der Meinung des Verfassers vorwiegend ihre gegenwärtigen Methoden weiterentwickeln, da durch die ständige Erhöhung der Weltvorräte weitgehend ihre Brauchbarkeit erwiesen wurde. Um die Entwicklung voranzutreiben, wird man sich vorwiegend auf folgende Schwerpunkte konzentrieren müssen: bessere Korrelation der Gesteine, zahlreichere und exaktere Feststellungen über unterirdische Fließbewegungen, mehr Basisbohrungen mit stratigraphischen Zielen und intensivere Erforschung der in Erkundungsbohrungen angetroffenen Erdöle und Erdgase bzw. deren Spuren.

Neue theoretische Anschauungen und Konzeptionen werden durch verbesserte Kenntnisse über die geologische Vorgeschichte, die Migration der Gase und Flüssigkeiten, gesteigerte Ausrichtung auf die Erforschung derjenigen Verhältnisse, die zu stratigraphischen Fallen führten, und bessere Koordinierung zwischen geologischer und geophysikalischer Forschung erzielt werden können. Vor allem sollen Fallen und nicht nur Strukturen gesucht und erkundet werden.

Auf dem Erdölsektor überschatten die politischen und wirtschaftlichen Verhältnisse häufig alle anderen Faktoren. Sie sind nach Ansicht des Autors daher in erster Linie für das Tempo bei der Weiterentwicklung der Erdölforschung, -erkundung und -förderung verantwortlich zu machen. E.

JURÁNEK, J.

Bedeutung der Redox-Eigenschaften der Gesteine für die Erdölprospektion

„Geologické Práce“, Bratislava 1959, Nr. 16, S. 35—60

In den erdölhöffigen Gebieten der ČSR wurde das Redoxpotential der Gesteine zwecks Untersuchung der Bildungsmöglichkeiten für Lagerstätten gemessen. Es wurde das Verhältnis Fe^{++} : Fe^{+++} benutzt, besonders eine verbesserte elektrometrische Methode mittels Säureauszug des Gesteins. Auch die sonst bekannten Methoden werden auf ihre Brauchbarkeit untersucht. Durch Kombination von Untersuchungen in oberflächennahen Schichten und an Bohrkernen läßt sich ein räumliches Bild gewinnen, das mit den Ergebnissen anderer geochemischer Methoden verglichen werden kann. Die Reihe der mitgeteilten Ergebnisse zeigt, daß die negativen Anomalien des Redoxpotentials mit der Bitumenverteilung parallel gehen. Da die Methode sehr schnell und billig ist, ist sie eine wertvolle Erkundungsmethode. Sie eignet sich auch zur Parallelisierung von Bohrprofilen. MEINHOLD

A. H. YOUMANS & C. W. ZIMMERMANN

What's the score of neutron logging?

The Oil and Gas Journal, Vol. 57, Nr. 24 (8. Juni 1959), Seiten 139—141

In einem im Zusammenhang mit dem in New York abgehaltenen 5. Welt-Erdölkongreß gegebenen Bericht wird die in den letzten 4 bis 5 Jahren in den USA erfolgte Entwicklung auf dem Gebiet der radiometrischen Bohrlochmessungen geschildert.

Auf instrumentellem Gebiet sind folgende Neuentwicklungen hervorzuheben:

1. Einführung von Szintillationszählern.
2. Bessere und verschiedenartigere Neutronenquellen.
3. Gamma-Gamma-Messungen mit absoluter Dichteeichung.
4. Einführung verbesserter Strahlungsmeßverfahren, die eine größere Mannigfaltigkeit der radiometrischen Bohrlochmessungen gestatten.
5. Kleinkalibrige Bohrlochmeßgeräte ($1^3/_4$ und $1^3/_8$ Zoll Durchmesser) gestatten Messungen im Gestänge.
6. Robuste Gammastrahlungsmeßgeräte können zur genauen Teufenbestimmung mit dem Perforator verbunden werden.

Folgende Meßmethoden wurden neu eingeführt:

1. „Flowing-Well Logging“. Dabei kann aus dem Unterschied zweier Neutronenmeßkurven, die bei totgepumpter und bei eruptierender Sonde gemessen werden, auf die Verteilung von Gas, Öl und Wasser im Gebirge geschlossen werden (es gelingt auch die Lokalisierung des Gas-Öl-Kontaktes. D. Ref.).
2. Zementkopfbestimmung durch Kombination von Gamma-Gamma-Messungen mit Neutronenlog.
3. Neutronenmessungen mit verschiedenen Spacings („Multispaced Neutron Log“) gestatten in einigen Gebieten die Festlegung gasführender Zonen.
4. Neutronenmessungen mit verschiedener Empfindlichkeit für Chlor gestatten die Abgrenzung salzwasserführender Zonen von öl-, gas- und süßwasserführenden Zonen.

Die größte Bedeutung wird einer neuen Neutronen-Meßtechnik beigemessen, bei der anstelle der bisher üblichen Ra-Be- bzw. Po-Be-Neutronenquellen ein Teilchenbeschleuniger mit Van-de-Graaff-Generator in der Bohrlochsonde eingebaut ist. Auf diesem Gebiet liegen mehrere Entwicklungen vor, von denen allerdings noch keine so weit abgeschlossen ist, daß das Meßgerät zum laufenden Einsatz im Ölfeld zur Verfügung steht. Einige entscheidende Vorzüge des Beschleunigers gegenüber den normalen Neutronenquellen sind z. B., daß der Neutronenfluß beliebig ein- und ausgeschaltet werden kann, so daß keine Strahlungsgefahr mehr besteht, und daß alle durch eine D-T-Reaktion erzeugten Neutronen die gleiche Energie von 14,3 MeV haben. Infolge dieser Energie können Kohlenstoff und Sauerstoff angeregt werden, so daß es gelingt, neben Wasserstoff auch diese Elemente aufzuspüren. Besonderer Wert kommt der Methode der Sauerstoffaktivierung zu. Durch die Reaktion $O^{16}(n,p)\,N^{16}$ entsteht ein radioaktives Stickstoffisotop, das mit einer Halbwertszeit von 7,3 s unter Aussendung von Gammastrahlen wieder zerfällt. Die Messung dieser charakteristischen, weil sehr energiereichen Strahlung gestattet die eindeutige Trennung von Zonen unterschiedlichen Sauerstoffgehalts. Insbesondere gelingt die Abgrenzung öl- bzw. gasführender Zonen vom wassergesättigten Gestein, da das von Öl bzw. Gas eingenommene Porenvolumen keinen Sauerstoff enthält, während Schichtwasser wie Gesteinsgrundmasse sauerstoffhaltig sind. Ölführendes Gestein zeichnet sich gegenüber dichtem oder wassergesättigtem Gestein bei dieser Meßmethode also durch niedrigere Indikationen aus. Das Verfahren kann auch im verrohrten Bohrloch angewandt werden.

Ein Bohrlochmeßgerät mit Teilchenbeschleuniger, das beschrieben wird, nimmt 100 W auf, ist etwa 7 m lang bei $3^5/_8$ Zoll Durchmesser und ist zur gleichzeitigen Messung von Gammastrahlungs-, Neutronen-, Sauerstoff-Aktivierungs- und Casing-Collar-Log (magnetische Registrierung der durchfahrenen Rohrmuffen) eingerichtet. K. LEHNERT

NÜSSEL, H.

Bitumen

Die Erdöl-Bücherei, Bd. 9. — Verlagsanstalt Hüthige & Dreyer GmbH, Mainz und Heidelberg 1958. 142 S., 89 Abb.

Der größte Teil des Buches ist den Anwendungsgebieten des Bitumens gewidmet. Chemische, physikalische und mechanische Eigenschaften werden eingehend besprochen. Besonders bemerkenswert ist die Darlegung über die Begriffe „Bitumen“ und „Asphalt“ (S. 23 u. 24).

Wir entnehmen ihr:

„Die offizielle deutsche Nomenklatur beschreibt Bitumen und Asphalt wie folgt:

Bitumen sind die bei der schonenden Aufarbeitung von Erdölen gewonnenen halbfesten bis springharten, schmelzbaren, hochmolekularen Kohlenwasserstoffgemische und die in Schwefelkohlenstoff löslichen Anteile der Naturasphalte.

Asphalte sind Gemische von Bitumen und Mineralstoffen. Sie werden vorwiegend technisch hergestellt.

Naturasphalte sind natürlich vorkommende Gemische von Bitumen und Mineralstoffen.

Bituminöse Stoffe
bestehen aus in der Natur vorgebildeten Kohlenwasserstoffgemischen

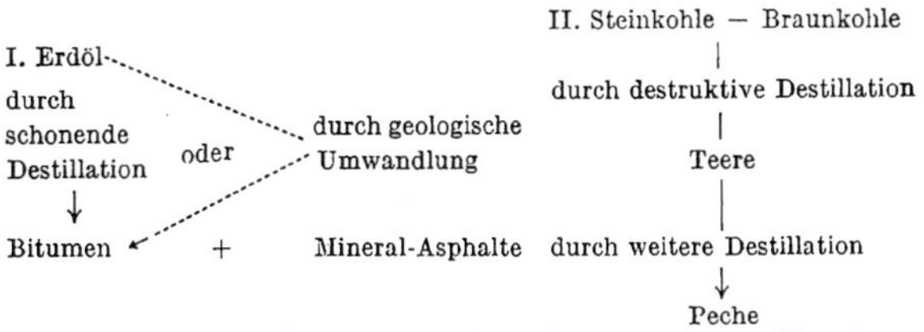

Leider ist es bisher noch nicht gelungen, eine völlig übereinstimmende internationale Nomenklatur für bituminöse Stoffe zu schaffen.

Deutschland	Bitumen	Asphalt	Naturasphalt	bituminös
Schweiz	Bitumen	Asphalt	Naturasphalt	bituminös
Österreich	Erdölbitumen	Asphalt	Naturasphalt	bituminös
USA	asphaltcement	asphalt	native asphalt	bituminous
England	asphaltic bitumen	asphalt	native asphalt	bituminous
Frankreich	bitume	asphalte (artificiel)	asphalte (naturel)	bitumineux
Holland	asfaltbitumen	asfalt	naturlyke asfalt	bitumineuz
Italien	Bitume	asfalto	asfalto naturale	bituminose

Am Schluß sind auf 16 Seiten die wichtigsten deutschen und englischen Fachausdrücke übersichtlich zusammengestellt.
E.

REINHARDT, M.

Schlechtenuntersuchungen in den Flözen des Aachener Steinkohlengebirges

Forschungsbericht des Landes Nordrhein-Westfalen, Nr. 750. — Westdeutscher Verlag, Köln und Opladen 1959

Bisher wurden einzelne Probleme, wie die mechanische Deutung der bankrechten, die Genese der bankschrägen Schlechten und die Bedeutung atektonischer Beeinflussung unterschiedlich gedeutet. Der Verfasser hat eingehend die Schlechtenbildung im Aachener Revier untersucht, die bei den Schlechtenmessungen in den Flözen gewonnenen Aufnahmedaten in Diagrammen dargestellt und diese in tektonische Karten der einzelnen Schollenlage richtig eingetragen. Das Sterndiagramm, eine neuentwickelte Darstellungsmethode, ermöglicht die Kennzeichnung der Raumlage, der Häufigkeit, der Wertigkeit und der mineralischen Beläge der Schlechten. Die bankrechten Schlechten treten in zwei orthogonalen Systemen auf; die einen liegen als Scherfugen in den Scherungsebenen des nach NW gerichteten Faltendrucks, die anderen als Reißfugen senkrecht und parallel zu lokalen Faltenachsen. Die bankschrägen Schlechten entstanden mit Beginn der Schichtengleitung und -aufwölbung und dienten als Bewegungsbahnen. Eine Abhängigkeit zwischen der Raumlage und Ausprägung der Schlechten und dem Inkohlungsgrad oder der Teufe der Flöze konnte nicht festgestellt werden. Infolge der Schlechtenbildung ist in Abbauhammer-Streben die Abbaurichtung nach WNW am günstigsten, in Hobelstreben baut man am besten nach SSW; der Hobel greift dann in streichende Schlechten und die Kohle reißt an ungefähr E—W streichenden Flächen ab. E.

LÜTTIG, G.

Die umbro-toskanische Lignitformation in moderner geologischer Sicht

„Braunkohle, Wärme und Energie", Bd. 11 (1959), H. 9, S. 350—355

Es werden die geologischen Gesetzmäßigkeiten für eine Lignitbildung aufgezählt und die Voraussetzungen genannt, die erfüllt sein müssen, damit eine gebildete Lagerstätte später nicht wieder erodiert, durch vulkanische Kräfte zerstört oder durch tektonische Vorgänge zerstückelt wird. Für den Bergbau sind zweierlei Lagerstättentypen interessant: Lignite in nichtmarinen Becken und Lignite im Verzahnungsbereich von marinen und nichtmarinen Schichten. Eine genaue geologische Kartenaufnahme ist für den Bergmann ebenso wichtig und notwendig wie eine stratigraphische Einzelgliederung für jede Untersuchung sedimentärer Lagerstätten. Die bisherigen italienischen geologischen Arbeiten werden als nicht ausreichend befunden. Zur Beseitigung dieser Mängel wird eine stratigraphische Neueinteilung des mittelitalienischen Pliozäns und Quartärs vorgeschlagen. Die Gliederung bezieht sich auf markante Ereignisse der Flußgeschichte, die sich in gleicher Weise in sieben Regionen Mittelitaliens feststellen lassen. Die Lignitformation Umbriens und der Toskana enthält folgende lagerstättenkundlich interessante Horizonte:

Ville-Serie
Stellicone-Serie = Todi-Schichten
Petroio-Schichten

In Italien sind Umbrien und die Toskana vom Standpunkt der Lignitprospektion als die weitaus interessantesten Gebiete zu betrachten. E. SIEGMUND

RECHARSKAJA, W. I., O. W. KRUTEZKAJA & I. W. DUBROWA

Die Umlagerung von Molybdän und Uran durch hydrothermale Bikarbonat-Lösungen

„Geologie der Erzlagerstätten", Moskau, Jg. 1 (1959), H. 4, S. 103—110 (russisch)

Es werden Wechselbeziehungen zwischen den Mineralien uranführender Gänge und den sie durchsetzenden Karbonattrümern beschrieben. Diese Gänge wurden in einem hydrothermal veränderten sauren Eruptivgestein abgeschieden, für das die große Verbreitung albitisierter Kali-Feldspäte charakteristisch ist. Die Uranerzgänge gehören zu der für die Sowjetunion typischen Pechblende-Molybdänit-Paragenese. Die beiden Hauptmineralien sind eng miteinander verwachsen; außerdem kommen noch in geringen Mengen zahlreiche andere sulfidische Erzmineralien vor. Der Molybdänit tritt in kollomorphen Aggregaten auf, muß also als Jordisit angesprochen werden.

Die jüngeren karbonatischen Trümer setzen in unregelmäßigen Formen durch die Pechblende-Molybdänglanz-Gänge, wobei sie deren Ganginhalt von den Spalten aus stark korrodieren. Gleichzeitig damit kommt es im Kalzit zu Umlagerungen von Pechblende und zu Neubildungen von Powellit ($CaMo_4$). An verschiedenen Stellen korrodiert der Powellit größere Randpartien des Molybdänglanzes, besonders wenn sie von Klüften durchzogen werden.

Die Neubildungen von Uranpechblende und Powellit wurden in der Mehrzahl in unmittelbarer Nähe von Gangkreuzen gefunden, meist dort, wo von Kalzit korrodierte Pechblenderelikte vorhanden sind.

An Hand eines umfangreichen Analysenmaterials wird der Chemie der Umlagerungsvorgänge besondere Beachtung geschenkt. Durch drei verschiedene Versuchsreihen (a—Molybdänglanz, b — Molybdänglanz-Pechblende-Gemisch und c — Verwachsungen von Jordisit mit Uranpechblende) wird die größte Löslichkeit der letztgenannten Probe in einer 1%igen Lösung von $NaHCO_3$ nachgewiesen. Damit wurde festgestellt, daß die Anwesenheit der Pechblende die Oxydation des Molybdäns fördert (Mo geht bei der Umlagerung von Molybdänglanz zu Powellit vom vier- in den sechswertigen Zustand über, wobei gleichzeitig eine teilweise Reduktion des Urans erfolgt).

Das vom Autor zusammengestellte Material zeigt, daß bei oberflächennahen Bedingungen und niedriger Temperatur natürliche hydrothermale, alkalische Bikarbonat-Lösungen Uranpechblende und Molybdänglanz teilweise lösen können. Bei der Bildung von Karbonattrümern wird Uran als Uranpechblende, aber Molybdän als Powellit erneut fixiert.
H. S.

SIMPSON, R. A.

Uran

Canadian Mining Journal, Febr. 1959

Die Uranproduktion Kanadas ist die wertvollste aller metallischen Rohstoffe und wird nur noch von der Erdölproduktion übertroffen. Mit etwa 12700 t U_3O_8 im Jahre 1958 hat sich die Uranerzeugung gegenüber 1957 verdoppelt. An diesem Ergebnis sind drei Provinzen beteiligt:

	t U_3O_8	%
Ontario	9650	76
Saskatchewan	2600	20,5
Northwest Territories	450	3,5
	12700	100,0

Im Jahre 1958 wurden in Ontario sechs neue Gruben und Aufbereitungsanlagen in Betrieb genommen. Zwei Gruben wurden nach Erschöpfung der Vorräte eingestellt. Am Jahresende 1958 waren 23 Urangruben und 19 Aufbereitungen mit einer Durchsatzkapazität von 37000 tato und potentiellen Erzeugung von 40 tato Uran in Betrieb.

Im Elliot Lake-Distrikt in Ontario arbeiten elf bedeutende Urangruben, darunter die größte Urangrube der Welt, die Consolidated Denison Mines Ltd., die Ende 1958 eine Förderung von 5500 tato erreichte. Dieses wichtigste Uranrevier der Welt hat eine Produktionskapazität von 11800 jato Uran. Der mittlere Erzgehalt ist 0,1% U_3O_8. Im Bancroft-Distrikt in Ontario gibt es vier Urangruben und drei Aufbereitungen mit einer Durchsatzkapazität von je über 1000 tato. Der mittlere Erzgehalt dieses Reviers ist mit 0,09% U_3O_8 etwas geringer als der im Elliot Lake-Distrikt.

Im Uranium City-Distrikt von Saskatchewan produzieren eine Reihe von Gruben mit Förderleistungen zwischen 1800 und 90 tato. Die Gehalte der Fördererze schwanken zwischen 0,2% und 0,3% U_3O_8. Von der 1800 tato betragenden Förderung der Gunnar Mines Ltd. kommen 1550 tato aus einem Tagebau.

Die bisher so wichtigen Uranvorkommen in den Northwest Territories am Großen Bärensee haben sehr an Bedeutung verloren. Die Eldorado Mining and Refining Ltd. stellt in Port Radium Konzentrate und Präzipitat her. Die Konzentrate werden in Port Hope in Ontario verhüttet. Nach den neuesten Vorratsberechnungen wird die einst so berühmte Uranerzgrube Ende 1960 nahezu erschöpft sein. 160 km nordwestlich von Yellowknife arbeitet die Rayrock Uranium Mines Ltd., die 1958 in ihrer Aufbereitung 105 tato durchsetzte.

Eine Vorratsberechnung des Geological Survey of Canada für den größten Teil des Elliot Lake-Gebiets hat 323 Mio t Uranerz ergeben. Zusammen mit den Erzreserven der übrigen Reviere erhält man Erzvorräte von insgesamt 340 Mio t mit einem U_3O_8-Inhalt von 375000 t entsprechend einem mittleren Gehalt von 0,11% U_3O_8.

Die Verkäufe von Uran unterliegen einer Kontrolle durch den Staat. Die Verkaufspreise sind so gestellt, daß die Unkosten gedeckt und ein angemessener Gewinn erzielt werden kann. Im Mittel werden etwa $ 22 je Kilogramm Präzipitat gezahlt. Man rechnet damit, daß sich in Zukunft ein Preis von etwa $ 17,50 je Kilogramm ergeben wird. REH

EHRENBERG, H. & H. J. MÜRTZ

Massenspektrometrische Untersuchung an Bleierzen

Forschungsberichte des Landes Nordrhein-Westfalen Nr. 696. — Westdeutscher Verlag, Köln und Opladen 1959

Die vorliegende Arbeit ist ein Beitrag zur Methodik der Altersbestimmung von Gesteinen auf der Grundlage der Isotopenverteilung des Bleis. Die Methode wird eingangs kurz erläutert, und es werden praktische Angaben über Verbesserung der apparativen Versuchsanordnung eines einfach fokussierenden 60°-Massenspektrometers gegeben. Die kritischen Vergleiche der am Physikalischen Institut der Universität Bonn erhaltenen Meßergebnisse mit denen, die unabhängig davon an anderen Stellen (Bern, Toronto) gefunden wurden, ergaben größere Abweichungen als aus den statistischen Fehlern der Messungen zu erwarten waren. Daher werden weiterhin Erörterungen über die theoretischen Voraussetzungen angestellt, wie über das Alter der Erdkruste (die Verf. legen einen Wert von $4.486 \cdot 10^9$ Jahre zugrunde) und die mathematische Auswertung der Meßergebnisse. Als entscheidender Fehler bei der praktischen Durchführung der Messungen wird eine Vordispersion des Ionenstromes durch störenden Einfluß des Feldes des Elektronenführungsmagneten erörtert. Nach dessen Entfernung konnten gut vergleich- und reproduzierbare Werte erhalten werden.

Mit der korrigierten Apparatur wurden 105 Proben von Gesteinen verschiedener Lagerstätten ausgemessen und die Meßwerte in Tabellenform angegeben.

Für sich betrachtet muß die Arbeit infolge ihrer Knappheit und mangelnder eingehender Diskussion, die in einer späteren Arbeit erfolgen soll, noch fragmentarisch bleiben. Als Bestandteil einer Arbeitsreihe im Zusammenhang mit anderen Veröffentlichungen der Verf. ist sie ein wertvoller Beitrag, da sie vor allem eine reichhaltige Literaturzusammenstellung enthält. W. EIBISCH

O'DONNELL, A. J.

Atoms for Peace — On Trial

SRI-Journal, Stanford Research Institute, Vol. 3, I. Quartal 1959

Der Autor setzt sich für die friedliche Verwendung der Atomenergie ein. In einer Beilage, die „Das internationale Atom" betitelt ist, bringt er eine Weltkarte, auf der dargestellt sind:

Die Mitgliedsstaaten der Internationalen Atom-Energie-Kommission, die fertiggestellten und projektierten Reaktoren und die Lieferanten von Radioisotopen. Recht schematisch sind daneben die wichtigsten Zentren der radioaktiven Lagerstätten, unterteilt nach Uran- und Thoriumerzen, angegeben. E.

SAGER, G.

Gezeiten und Schiffahrt

Fachbuchverlag Leipzig, 1959. — 176 S., 76 Abb., 31 Tab.

Ein knapp gehaltenes populärwissenschaftliches Fachbuch in deutscher Sprache, das über den Charakter der mannigfaltigen Gezeitenerscheinungen und deren Ursachen sowie über die Methoden der Vorhersage unterrichtet und besonders für den Lehrbetrieb an den Seefahrtsschulen geeignet ist, fehlte bis jetzt. Das vorliegende Buch, das aus der Tätigkeit des Verfassers am Institut für Meereskunde in Warnemünde hervorgegangen ist, füllt diese Lücke. Nach einem anschaulich darstellenden ersten Teil über die Haupterscheinungen und -auswirkungen der Gezeiten behandelt es in einem Hauptteil auf vereinfachende Weise die Problematik der ursächlichen Zusammenhänge. Diese Vereinfachung unter Vermeidung mathematischer Ableitungen führt allerdings dazu, daß manches einfacher erscheint, als es ist, und daß vieles ungeklärt bleibt. Ein dritter Teil befaßt sich mit der Vorhersage der Gezeiten, den Berechnungsverfahren und der historischen Entwicklung, die zur Konstruktion der modernen Gezeitenrechenmaschinen hinführte. Wertvoll ist auch der Begriffserläuterungen, Berechnungsanleitungen und ein mehrsprachiges Verzeichnis der Fachausdrücke bietende Anhang. Das reich mit Bildern, Karten, graphischen Darstellungen und Tabellen ausgestattete Buch erfüllt mit seiner knappen und lebendigen Darstellung und seinem reichen Inhalt seinen Zweck als Fachbuch und wird auch für Hydrogeologen und Meteorologen sowie für breitere Kreise von Interesse sein. HAVEMANN

SCHIEFERDECKER, A. A. G.

Geological Nomenclature

Royal Geological and Mining Society of the Netherlands. — J. Noorduijn en Zoon N. V., Gorinchem 1959

Dieses neue Nachschlagewerk stellt eine modernisierte Auflage des bereits 1929 unter der Redaktion von L. RUTTEN von der Königl. Geologischen- und Bergbaugesellschaft der Niederlande herausgegebenen Fachwörterbuches dar. Jeder Terminus ist mit einer fortlaufenden Nummer versehen. Das Format ist handlicher geworden, und der Autor hat darauf verzichtet, die englischen, holländischen, deutschen und französischen Termini nebeneinander in Tabellenform, wie es in dem RUTTENschen Werk geschehen war, darzustellen. Dafür ist der Index bzw. das Inhaltsverzeichnis diesmal außerordentlich günstig. Mit seiner Hilfe gelingt es, sich möglichst schnell und einwandfrei über jeden der besprochenen etwa 5500 Termini in einer der 4 benutzten Sprachen genau zu informieren. Andererseits ermöglicht die weitgehende Unterteilung der Hauptabsätze Geomorphologie, Sedimentologie, Geophysik, Vulkanologie, Orogenese, Lagerstätten, Petrologie usw. das Auffinden einer bestimmten Bezeichnung, wenn man sie in der gesuchten Sprache nicht kennt. Als Beispiel diene:

1348 bioherm, -- reef-like, mound-like, lens-like or otherwise circumscribed structure of strictly organic origin, embedded in rocks of a different lithology. / bioherm / bioherme

Die Benutzung dieses vorzüglichen Nachschlagewerkes, das mit Unterstützung der „Bataafse Internationale Petroleum Maatschappij N. V." hergestellt wurde, kann bestens empfohlen werden. E.

Diplomarbeiten 1958/59 der Fakultät Baustoffkunde und Baustofftechnologie an der Hochschule für Architektur und Bauwesen, Weimar

BABINECZ, W.: Die Granite des Brockenmassivs.

GOERKE, G.: Eignung von Rügener Grand zu Kalksandstein.

MÜNCH, D.: Die Porphyre des Halleschen Gebietes (Petersberg, Löbejün). Geologische und gesteinstechnische Untersuchungen, technologische Aufnahme der Brüche.

SCHULZ, M.: Die Granite des Gebietes Aue, Schneeberg i. Sa. Geologische und gesteinstechnische Untersuchung, technologische Aufnahme der Brüche.

SIEDENBERG, H.: Der Flintstein von Rügen als Rohstoff.

WOLFRAM, W.: Geologie der Steinbrüche und geologische Vorbehalte gegen den Abbau hinsichtlich der Eignung des Gesteins. Z.

Neuerscheinungen und Literaturhinweise

FEDJUK, W. I.
Die mikromagnetische Aufnahme und ihre geologischen Möglichkeiten
Gosgeoltechisdat, Moskau 1958, 62 S.

Autoren-Kollektiv
Angewandte Geophysik (Sammlung von Artikeln des wissenschaftlichen Unions-Forschungsinstitutes für geophysikalische Schürfmethoden. 26. Folge)
Gostoptechisdat, Moskau 1960, 240 S.

Autoren-Kollektiv
Geologie der erdöl- und erdgasfündigen Bezirke der UdSSR (Sammelband)
Gostoptechisdat, Moskau 1960, 320 S.

BENEO, E.
La ricerca petrolifera in Italia meridionale
Metano Petrolio e Nuove Energie, Vol. 13 (1959), No. 7, S. 385–393 (englische und französische Zusammenfassung)

SCHAZOW, N. I.
Isolierung der Speichergesteine von Erdöl- und Erdgasbohrlöchern
Gostoptechisdat, Moskau 1960, 272 S.

SUDOPLATOW, A. P. & K. K. KUSNEZOW
Komplexprojektierung für die Erschließung und Entwicklung der Kohlenreviere in der UdSSR
„Bergbautechnik", Jg. 9 (1959), H. 7, S. 346–358

SPERLING, H.
Über Paragenesen und Lagerstättenstockwerke in den Blei-Zink-Erzgängen des Grubenbezirkes Bad Grund (Harz)
„Erzmetall", Bd. 12 (1959), H. 4, S. 159–164.

BEUS, A. A.
Grundzüge der Geochemie des Berylliums und die genetischen Typen der Berylliumlagerstätten
Isd-wo AN SSSR, 1960, 400 S.

LÁNYI, R.
Die sowjetischen Methoden der Tonerdeproduktion
„Magyar kemikusok lapja", Bd. 7 (1958), Nr. 11, S. 314–316

MAKSIMOWITSCH, N. G.
Praktischer Leitfaden für die Anwendung der Tonspülung bei Erkundungsbohrungen
Gosgeoltechisdat, Moskau 1954, 60 S.

Autoren-Kollektiv
Enzyklopädisches Wörterbuch der Geologie I. A–M.
Verlag der Tschechoslowakischen Akademie der Wissenschaften, 1960, 1164 S.

Nachrichten und Informationen

Kohle-, Eisenerz- und Erdölförderung der Welt im Jahre 1958

Nach Feststellungen des US-Bergbauamtes hat die Sowjetunion als Kohlenproduzent die USA von der ersten Stelle, die sie seit 1899 eingenommen hatte, verdrängt. Die Weltkohlenförderung betrug 1958 insgesamt 2,435 Mill. t, von denen 20,4 % auf die Sowjetunion und 16,1% auf die USA entfielen. Die sozialistischen Staaten förderten 50% der Kohlen der gesamten Welt gegenüber 38,1% im Jahre 1953.

Auch in der Eisenerzförderung erreichte die UdSSR die führende Stelle in der Welt. Von der Welteisenerzförderung entfallen auf die sozialistischen Staaten 31,6% gegenüber 21,1% im Jahre 1953. An der Weltstahlproduktion betrug der Anteil der Sowjetunion 20,3% (gegenüber 16,2% im Jahre 1953) und der der USA 28,6%. Der Anteil der sozialistischen Staaten ist von insgesamt 22,3% im Jahre 1953 auf 29,6% im Jahre 1958 gestiegen, während im gleichen Zeitraum der Anteil der kapitalistischen Welt von 77,7% auf 70,4% und in den USA von 43,1% auf 28,6% zurückging.

Die Erdölförderung der USA war dreimal so hoch wie die der UdSSR und die Energieproduktion doppelt so groß. Zi.

Rohstoffproduzent Südamerika

Lateinamerika spielt in der Rohstoffversorgung der kapitalistischen Staaten, vor allem der USA, aber auch der westeuropäischen Länder, eine wichtige Rolle. 9% der westdeutschen Rohstoffeinfuhren wurden im Durchschnitt der Jahre 1950 bis 1956 durch lateinamerikanische Lieferungen gedeckt.

Westdeutsche Importe aus Lateinamerika:

	(in Prozent der Gesamteinfuhr)		
	Deutschland 1937	Westdeutschland 1954	1958
Kupfer	11,8	23,5	39,6
Blei	–	–	31,3
Eisenerz	0,5	5,3	16,3
Erdöl	40,8	10,4	17,8

Kupfer: Nahezu das ganze im Jahre 1958 aus Lateinamerika importierte Kupfer kam aus Chile und nur geringe Mengen aus Peru und Mexiko. Blei: Herkunftsländer für die westdeutschen Bleiimporte sind Mexiko, Peru und Bolivien. Eisenerz: Die Vorkommen von Eisenerz wurden in Lateinamerika auf 30–40% der bekannten Weltvorräte geschätzt. Das entspricht einer Gesamtmenge von 23 Milliarden t, wovon 16,3 Milliarden t allein auf Brasilien entfallen. Der Anteil an der Eisenerzförderung der Welt stieg von 1936/38 bis 1957 von 1,2% auf 5,8%. Größter Produzent an Eisenerz ist z. Z. Venezuela, dessen Eisenerzförderung 1957 mit 15 Millionen t nahezu die Schwedens (19,5 Millionen t) oder Großbritanniens (17,3 Millionen t) erreichte. Brasilien förderte im gleichen Jahre 4 Millionen t, wovon 42% aus dem Bereich von Itabira in Minas Gerais kommen. Erdöl: Unter den Erdölproduzenten Lateinamerikas nimmt Venezuela eine dominierende Stellung ein. Weiterhin wichtig sind nach Mexiko Kolumbien, Argentinien, Peru, Brasilien. In fast allen diesen Ländern ist Westdeutschland an der Förderung beteiligt. So hat z. B. in Peru 1954 ein westdeutsches Konsortium von Erdölgesellschaften Konzessionen im Quellgebiet des Amazonas erworben, und die niedergebrachten Bohrungen sind seit 1957 fündig. In Venezuela ist die 1956 gegründete Petroleos Venezolanos S. A. in den Besitz der Deutschen Erdöl-AG (DEA) übergegangen, und durch den Bau einer 380 km langen Erdölleitung versuchen westdeutsche Konzerne, Einfluß auf Boliviens Erdölproduktion zu erlangen. Z.

Erdöl / Erdgas

Welt-Erdölförderung

Angaben über die Welterdölförderung in Mill. t bringen die „Erdölnachrichten" des Shell-Presse-Dienstes Nr. 148 vom 21. 1. 1960:

	1956	1957	1958	1959	Anstieg 1958/59
Nordamerika	376,0	377,5	352,4	371,3	5,4%
Mittel- u. Südamerika	161,0	179,1	175,7	187,5	6,7%
Mittlerer Osten	172,5	178,0	214,7	231,3	7,7%
Ferner Osten	20,0	22,8	23,2	24,4	5,0%
Afrika	0,1	0,3	1,4	3,1	116,6%
Westeuropa	10,2	11,8	12,4	13,2	7,0%
Ostblock	97,9	112,7	128,2	146,2	14,1%
Welt	837,7	882,2	908,0	977,0	7,6%

E.

Österreichische Erdöl/Erdgasvorräte

Die Geologische Bundesanstalt hat eine neue Berechnung der österreichischen Erdöl/Erdgasvorräte durchgeführt.

Danach betragen die gewinnbaren Rohölvorräte 38,8 Mill. t. Die gewinnbaren Vorräte der Gasfelder wurden mit rd. 15 Mrd. m³ berechnet. Hierzu kommen noch 10 Mrd. m³ Begleit- und Gaskappengase.

Die „Österreichische Volksstimme" vom 20. 2. 1960 kommentiert den Bericht der Geologischen Bundesanstalt folgendermaßen:

„Die angegebene Erdölreserve von etwa 39 Mill. t enthält offenbar nicht die gesamten bisher bekannt gewordenen Reserven Österreichs, sondern bloß diejenigen, die sich in den bereits bekannten und in Arbeit befindlichen Erdölfeldern finden.

Um ein realistisches Bild zu erhalten, ist es notwendig, auch die übrigen Erdölreserven hinzuzuzählen, wodurch sich eine Gesamtmenge ergibt, die etwa doppelt so hoch ist.

Während laut Angabe mehr als neun Zehntel der im vorliegenden Bericht angeführten Reserven sich im niederösterreichischen Erdölgebiet befinden, gehört ein beachtlicher Teil der zusätzlichen Reserven zu den Konzessionsgebieten, die im Besitz der anglo-amerikanischen Rag oder ihr zugedacht sind.

Man hat schon wiederholt die Erfahrung gemacht, daß offizielle Stellen dazu neigen, die Erdölreserven möglichst gering anzusetzen, wohl als Rechtfertigung für die dauernd sinkende Produktion. Seit 1955, als Österreich die Verfügung über das Erdöl erhielt, verringerte sie sich von 3,7 auf 2,45 Mill. t. Der Hauptgrund für diese Verringerung liegt in erster Linie darin, daß der staatlichen ÖMV die besten Such- und Förderkonzessionen vorenthalten oder zu spät erteilt wurden, da sie für ausländische Konzerne reserviert blieben.

In dem Bericht heißt es unter anderem, daß zur Zeit 82% der österreichischen Jahresproduktion aus dem Matzner-Feld stammen. Das widerlegt schlagend die Behauptung, die Sowjetische Mineralölverwaltung hätte keine Aufschließungsarbeiten geleistet. Matzen wurde von der SMV erschlossen. Und bis heute stammen vier Fünftel der gesamten Förderung aus den von der SMV erschlossenen Feldern."

Das oben Dargelegte bestätigt erneut die alte Erfahrung, daß die imperialistischen Erdölkonzerne mit allen Mitteln — auch über geologische Dienststellen — versuchen, Erdölvorräte in ihnen nicht genehmen Lagerstätten zu bagatellisieren oder sogar in ihren Berichten völlig verschwinden zu lassen.

E.

Libysches Erdöl

„Auf dem Welterdölmarkt bahnen sich Veränderungen an, deren Auswirkung auf Produktionsverteilung, Bezugsquellen und Preisentwicklung zur Zeit noch nicht mit Sicherheit übersehbar sind", so beginnt ein Beitrag „Wettlauf um den europäischen Ölmarkt" von A. MICHAELIS (New York) in der „Frankfurter Allgemeinen" vom 13. 2. 1960.

Die Unsicherheit über die kommende ökonomische Entwicklung geht zu einem wesentlichen Teil auf die Unfähigkeit zurück, die Perspektiven der geologischen Erkundungsarbeiten zu erkennen und richtig vorauszusehen.

In Libyen wird gegenwärtig die 150 km lange Rohölleitung von Zelten bis zur Küste gebaut. Sie soll Ende des Jahres in Betrieb genommen werden. Drei weitere Leitungen, die von anderen Feldern ausgehen, befinden sich im Projektionsstadium. Vor allem soll Beda, das in bezug auf Ergiebigkeit an zweiter Stelle stehende libysche Feld mit Sondenkapazitäten zwischen 500 und 600 tato, eine Rohölfernleitung erhalten. Insgesamt sind in Libyen bisher 11 große Erdölfelder entdeckt worden. Weitere Entdeckungen dürften bevorstehen, da z. Z. 35 Erkundungsbohrungen laufen, für die Mittel in Höhe von etwa 600 Mill. Mark investiert wurden. Da die Konzessionsinhaber bis Ende 1960 $^1/_4$ ihres Konzessionsgebietes dem Staat zurückgeben müssen, forcieren sie gerade im laufenden Jahr die Erkundungsarbeiten. Vor der europäischen Wirtschaft steht das Problem, das „Konkurrenzverhältnis, in dem algerisches und libysches Öl stehen", frühzeitig zu erkennen. MICHAELIS fragt: „Wird die bisherige Marktordnung der internationalen Ölwirtschaft und die gegenwärtige Preisstruktur aufrechterhalten werden können?"

Durch die französische Ölpolitik wird Libyen „zwangsläufig an die Seite der mittelöstlichen Länder gedrängt, die von einer Abschließung des westeuropäischen Absatzgebietes stark betroffen würden. Letzten Endes spitzt sich die Konkurrenz zwischen dem nordafrikanischen und dem mittelöstlichen Öl zu einem Kampf zwischen der französischen Ölpolitik gegen die mittelöstlich-libysch-venezolanischen Interessen zu. Diese wiederum stimmen mit den Zielen der internationalen Konzerne überein, die sich mit ihrem eigenen Öl aus ihren Produktionsgebieten ebenfalls nicht aus Westeuropa verdrängen lassen wollen."

E.

Kohle

Steinkohle in den Niederlanden

Im äußersten Südosten der Niederlande liegen Steinkohlenlagerstätten, die einen Teil des großen Steinkohlenbeckens bilden, das sich von Wales und Kent bis zum Ruhrgebiet erstreckt. Die Flöze sind nur geringmächtig.

Der Abbau findet gegenwärtig in Teufen von 250 bis 855 m statt. 1958 waren in den Niederlanden 12 Steinkohlenwerke in Betrieb, die etwa 12 Mio t Kohlen produzierten. Die Staatszeche „Maurits", deren Förderung bereits 1926 begann, produziert z. Z. über 2,5 Mio jato Kokskohle. Mit mehr als 10000 Beschäftigten gehört dieses Werk zu den größten Steinkohlenwerken Westeuropas.

Die niederländische Kohlenproduktion stellt ungefähr 5% der Produktion der Länder der Europäischen Gemeinschaft für Kohle und Stahl dar.

—ul—

Aus dem Steinkohlenbergbau der USA

Der höchste Stand der Mechanisierung soll auf der Grube Moss III in Virginia erreicht sein. Ihr Kohlenfeld enthält 150 Mio t bester Kokskohle mit niedrigem Schwefelgehalt. Während die Durchschnittsmächtigkeit der in den USA abgebauten Steinkohlenflöze bei etwa 1,8 m liegt, hat das Flöz von Moss III eine Durchschnittsmächtigkeit von 4,2 bis 4,4 m. Die Förderkapazität, die z. Z. 2,5 Mio t beträgt, soll auf 6 Mio t erhöht werden.

Dem Jahrbuch 1958 der National Coal Association ist über die Steinkohlenförderung der USA pro Mann und Schicht in t zu 2000 lbs zu entnehmen:

Jahr	Tiefbau	Tagebau	Durchschnitt
1939	4,92	14,68	5,25
1949	5,42	15,33	6,43
1956	8,62	21,18	10,28

Im pennsylvanischen Anthrazitbergbau wurden 1939 3,02 t (à 2000 lbs), 1956 4,25 t pro Mann und Schicht gefördert. Für die verschiedenen Länder gibt die erwähnte amerikanische Quelle pro Mann und Schicht folgende Leistung in t zu 2000 lbs an:

	1939	1949	1956	1957
USA	5,25	6,43	10,28	10,73
England	1,67	1,72	1,76	1,78
Belgien	1,23	1,02	1,28	1,27
Niederlande	2,62	1,91	1,65	1,65
Frankreich	1,40	1,20	1,81	1,85
Saar	1,83	1,45	2,00	1,98
Ruhr	2,28	1,52	1,75	1,76
Aachen	1,64	1,28	1,41	1,45
Polen (1937)	2,99	2,02	1,82	1,98

E.

Japans Kohlenbergbau

Japans Steinkohlenvorräte werden auf 20 Mrd. t geschätzt. Davon lagern rd. 10 Mrd. t = 50% auf Hokkaido, 8 Mrd. t auf Kiuschu und nur 2 Mrd. t auf Hondo, dem zentralen und größten Gebiet des japanischen Inselreiches. Auf Hondo kommt aber neben Steinkohle auch Braunkohle vor, die ebenfalls industriell ausgebeutet wird.

Japan, das früher nur inländische Kohle verbrauchte, muß sich jetzt mit den überseeischen Kohlenlieferanten, besonders den USA, und mit der steigenden Konkurrenz des Heizöls und Flüssiggases auseinandersetzen. Durch Verwendung von Öl und Flüssiggas in Gaswerken, Kokereien und Elektrizitätswerken dürfte der Kohleverbrauch um 4 Mill. t sinken. Infolge Umstellung des Eisenbahnbetriebes auf Elektrizität und Öl ist mit einem weiteren Rückgang des Kohleverbrauchs um 1,5 Mill. jato zu rechnen. Technische Fortschritte in der Industrie wirken sich ebenfalls verringernd auf den Bedarf an Kohle aus. So wurde z. B. die zur Erzeugung einer Kilowattstunde erforderliche Kohlenmenge seit 1954 von 0,7 auf 0,5 kg und die zur Erzeugung einer Tonne Rohstahl von 1,2 auf 1,0 t gesenkt.

Obwohl die Förderung heute um bis zu 20% eingeschränkt wurde, betragen die Kohlenbestände ca. 12 Mill. t, das ist 1/4 der Jahresförderung. Z.

Radioaktive Erze

Präkambrische Uranlagerstätten

In einem Vortrag über die „Lagerstätten des Urans, insbesondere in Nordamerika" stellte Prof. Dr. A. MAUCHER (München) fest, daß der Uranbedarf der Welt auf unabsehbare Zeit gesichert ist. Unter den westlichen Staaten haben Kanada, die Südafrikanische Union und die Vereinigten Staaten die größten Uranvorräte, denen mit weitem Abstand Frankreich, der Belgische Kongo, Australien und neuerdings Brasilien folgen.

Zu den bisher bekannten Uranproduzenten tritt nun 1960 auch Finnland, nachdem die im Jahre 1957 in Karelien, im Gebiet von Koli, in den Koliquarziten entdeckten Lagerstätten (die Erzanzeichen erstrecken sich über eine Länge von 25 km) erschlossen wurden. Die 1959 bei Paukkanjanvaars in Bau genommene Aufbereitungsanlage wird zunächst etwa 200 t Konzentrat durch Aufbereitung von 30000 t Roherz mit einem Gehalt von 0,2% Uranoxyd im Jahr liefern.

Der Lagerstättentyp der präkambrischen, von Diabasen durchsetzten Quarzite und Konglomerate, die im Witwatersrand und Blind River die größten Uranerzlager der Erde enthalten, läßt den Schluß auf eine offenbar weltweite Mineralisation dieser Gesteinstypen zu, und man kann annehmen, daß die finnischen Erzreserven größer sind, als es zunächst den Anschein hat. Z.

Eisenerze

Projekt Kosseir

Am 22. Dezember 1959 wurde zwischen der ägyptischen Regierung und der Krupp AG ein Abkommen unterzeichnet, laut dem der Entwicklungsstab der Firma innerhalb von 3 Jahren klären soll, ob die flözartig gelagerten Eisenerze bei Kosseir (500 km südlich von Suez und 80 km östlich von Assuan) wirtschaftlich nutzbar gemacht werden können. Es werden geophysikalische und geologische Untersuchungen durchgeführt, Erkundungsstollen getrieben und Pläne für eine moderne Aufbereitungsanlage und einen modernen Hüttenprozeß ausgearbeitet. In westdeutschen Laboratorien, Zeichen- und Projektierungsbüros werden die notwendigen erzmikroskopischen, physikalischen und chemischen Analysen durchgeführt. Weiter sollen Aufbereitungs- und metallurgische Versuche klären, welches Verfahren das geeignetste für die Anreicherung und Erschmelzung der Kosseirerze ist. Die zweckmäßigste Abbaumethode, der günstigste Standort für die Erzverarbeitungsanlagen und das geeignetste Verhüttungsverfahren sollen vorgeschlagen werden. Rentabilitätsberechnungen und eine genaue Marktforschungsanalyse schließen das Projekt ab. E.

Entwicklung der Wolframerzförderung und ihre Aussichten

Vom American Bureau of Mines wurden Ende 1959 Zahlen für die Wolframerzförderung der Welt im Jahre 1958 mitgeteilt. Danach ist die Förderung von 76200 t WO_3 im Jahre 1957 auf 64516 t im Jahre 1958 zurückgegangen.

Wenn man die Produktionszahlen auf diesem Mineralgebiet in der vergangenen Zeit betrachtet, ergeben sich interessante Tatsachen: Der wichtige Stahlveredler Wolfram hat seit 1939 eine außerordentlich wechselhafte Entwicklung genommen, eine Entwicklung, die der wirtschaftlichen und politischen Situation des kapitalistischen Lagers parallel geht.

Wolfram gehört zu den ausgesprochenen Rüstungsmetallen. Vor Beginn des 2. Weltkrieges setzte ein Wettrüsten ein, das eine erhebliche Steigerung der Wolframerzförderung zur Folge hatte. Betrug die Erzförderung 1932 etwa 6800 t WO_3, erreichte sie 1943 einen Höchststand von 60072 t. Hauptproduzenten waren Spanien und Portugal. 1946 betrug die Weltförderung nur noch 18870 t WO_3. In Vorbereitung des Korea-Krieges stieg in allen kapitalistischen Ländern die Wolframproduktion und erreichte mit etwa 85850 t im Jahre 1955 wiederum einen Höchststand. Seit dieser Zeit ist eine rückläufige Tendenz zu verzeichnen. Infolge eines Überangebotes an WO_3 fielen die Erzpreise stark ab. Auch im 1. Halbjahr 1959 war die Lage noch unverändert. Durch den Ausbruch des Stahlarbeiterstreiks in den USA wurde die Nachfrage nach Wolfram wesentlich beeinträchtigt, so daß bisher kaum von einer neuen „Wolframerzkonjunktur" gesprochen werden kann. Für die Zukunft fehlen den Wolframerzeugern auch die inzwischen eingestellten Stockpilekäufe der USA, die jährlich einen erheblichen Teil der Förderung aufnahmen. In einigen westdeutschen Fachzeitschriften, u. a. im „Erzmetall", Bd. XII (1959), H. 11, wird zum Ausdruck gebracht, daß trotzdem die Aussichten auf dem Wolframsektor günstig seien. Als Begründung wird angeführt, daß der Bedarf der Stahlindustrie in der kommenden Zeit steigen wird und auch in der Kerntechnik der Bedarf an hochhitzebeständigen Stählen außerordentlich hoch ist.

Wenn man die Entwicklung der Wolframerzförderung und das Bestreben der weltweiten Abrüstung, das in diesem Jahr auch in den kapitalistischen Ländern stärkere Formen annimmt, verfolgt, so ergibt sich daraus, daß der Bedarf an WO_3 sich weiter verringern dürfte. — ul —

Sonstiges

Preistendenz seltener Metalle

Die Preistendenz einiger seltener Metalle in den Jahren 1946—1959 (nach BURREKOVEN: Steigende Bedeutung der seltenen Metalle. — Der Volkswirt, Beilage, Nr. 43 vom 24. 10. 1959):

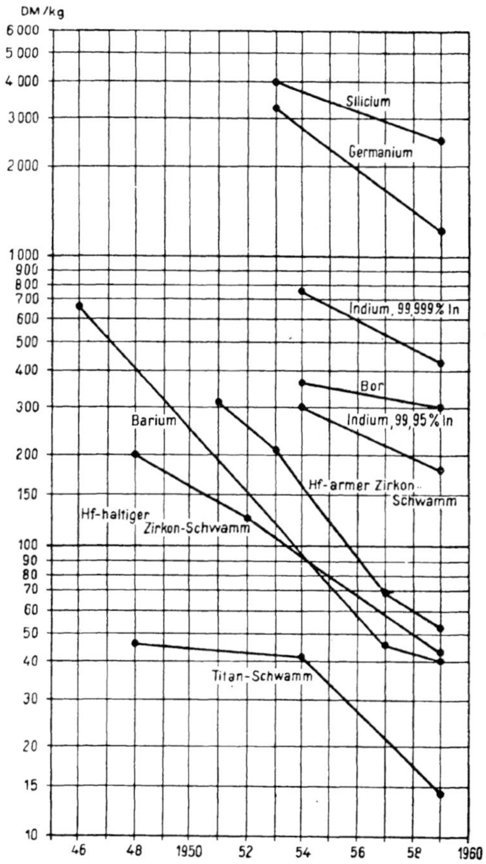

Neue Heliumgewinnungsanlage in den USA

In Keyes (Oklahoma) wurde die fünfte Heliumgewinnungsanlage des US-Bergbauamtes in Betrieb genommen, die 1,4 Mill. m³ Erdgas mit 2% He verarbeiten und jährlich etwa 8,4 Mill. m³ Helium gewinnen wird.

Nach einer neuen Methode wird das Erdgas bei 1000 atü und 400° C durch Zellen aus Quarzglaskapillaren geleitet. Das Helium diffundiert hierbei 1000mal schneller als die anderen Gasbestandteile durch die Zellwände und kann so in reinster Form aufgefangen werden. Der Heliumverbrauch ist in den vergangenen 10 Jahren in den USA um 400% gestiegen. E.

Schwerspat in der Atommüll-Beseitigung

Westdeutschland exportiert viele Tonnen hochwertigen Schwerspats für die angestrebte Atommüll-Beseitigung. Das amerikanische Verfahren, den Atommüll unterirdisch zu lagern, ist sehr teuer. Das englische Verfahren, Schwerspatfässer mit Vermiculit zu füllen und diese Fässer in das Meer zu versenken, ist zu unsicher. Nach einem Verfahren der (West-) Deutschen Barytwerke, die seit langem Strahlenschutzbaustoffe aus Harzer Schwerspat herstellen, wird der Atommüll in ein Schwerspatfaß gebracht, das mit einer bestimmten Kornfraktion Schwerspat in Mischung mit Zement gefüllt ist. In England werden z. Z. mit diesem Verfahren größere Versuche zur Atommüllbeseitigung durchgeführt.

E

Vorrichtung zur Entnahme von Proben aus geologischen Formationen

Wie sich aus der Abbildung ergibt, handelt es sich um eine Vorrichtung, die mit rohrförmigen Hohlgeschossen arbeitet, die mit Hilfe einer Schießvorrichtung eingeschossen werden, nachdem sie in die unmittelbare Nähe der zu untersuchenden Schicht gebracht worden ist.

Die Abbildung zeigt einen waagerechten Längsschnitt durch eine im Innern eines Bohrlochs befindliche, mit einer Pulverladung betriebene Probenentnahmevorrichtung.

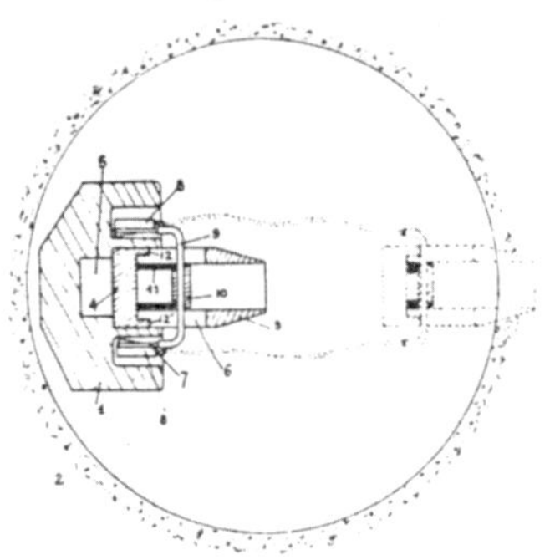

Das Ausstechgeschoß wird durch ein rohrförmiges Element (3) gebildet, das in seiner hinteren Partie durch einen Boden (4) verschlossen ist, hinter dem sich eine Pulverladung (5) befindet. Diese treibt das Ausstechgeschoß in die betreffende geologische Formation. Im Ausstechgeschoß sind seitliche Ausnehmungen (6) angeordnet. Diese dienen einerseits dazu, das Ausfließen von Bohrflüssigkeit beim Eindringen des Geschosses in die zu untersuchende geologische Schicht zu ermöglichen, und andererseits dienen sie zur Durchführung des Haltekabels (7), das an den Stellen (8 und 8′) mit seinen beiden Enden in entsprechend geformten Ausnehmungen in der Vorrichtung aufgerollt und befestigt ist. Das Kabel (7) ist durch ein vorgeformtes Kupferrohr (9) geführt. Die Arbeitsweise der geschilderten Vorrichtung ist folgende: Beim Abfeuern der Schießvorrichtung und unter dem Einfluß seiner Massenträgheit spannt sich das Kabel (7) und sucht das Ausstechgeschoß (3) zurückzuhalten. Hierbei wird die Hülse (11) nach und nach unter der Einwirkung des das Geschoß durchsetzenden Kabelteils zerdrückt. Wenn das Ausstechgeschoß in die Seitenwand des Bohrlochs eingedrungen ist, wie dies in der Zeichnung durch gestrichelte Linien angedeutet ist, liegt das Kupferrohr an den hinteren Rändern (12 bzw. 12′) der Ausnehmungen (6) auf dem Boden (4) auf. Dank der auf die geschilderte Weise erzeugten stoßdämpfenden Wirkung besteht keine Gefahr eines Bruches des Kabels (7). Das Herausziehen des Ausstechgeschosses erfolgt auf einfache Weise durch Heraufziehen des die Vorrichtung tragenden Kabels, wobei das Kabel (7) das Ausstechgeschoß nachzieht. Die geschilderte Vorrichtung besitzt darüber hinaus den Vorteil, daß beim Herausziehen des Ausstechgeschosses und Heraufziehen der Vorrichtung das Kabel (7) am rückwärtigen Ende des Geschosses angreift. Das Geschoß wird so rückwärts in eine Lage gezogen, die für gewisse geologische Formationen vorteilhafter ist als bei Vorrichtungen, bei denen das Geschoß mit vorwärts gerichtetem Ausstechkopf aus dem Bohrloch herausgezogen wird.

FRIEDEMANN

Unterwasserbohrungen

Bereits 1923 wurde Erdöl aus flachen Bohrungen im Maracaibo-See (Venezuela) gefördert. 1957 standen im Gebiet der USA-Golfküste 665 Unterwasserbohrungen. Durchschnittlich ist der Umfang der Felder bei den Unterwasserbohrungen bedeutend größer als bei den Landbohrungen. Am 1. 1. 58 bezifferte man die im Golf nachgewiesenen Erdölvorräte auf 800 Mio Barrels und die Erdgasvorräte auf 141 Mrd. m³. Die prognostischen Vorräte wurden zum gleichen Zeitraum auf rd. 10 Mrd. B. Rohöl und 1,4 Bill. m³ Erdgas geschätzt.

In den Küstengewässern des Persischen Golfes erhofft man Ölvorräte in Höhe von 50 Mio B. 1951 wurde das Safanija-Feld entdeckt, das bisher das einzige in Produktion stehende Unterwasserfeld im Persischen Golf ist. Kürzlich wurden erfolgreiche Bohrungen aus dem Küstengebiet von Sizilien bei Gela gemeldet.

Die Breite der vom Meer überfluteten Kontinentalsockel liegt zwischen 1,6 und 1120 km. Ihr Gesamtumfang beträgt für alle Kontinente etwa 26 Mio m². Etwa an der Tiefenlinie von 200 m befindet sich die Kontinentalflanke als Grenze zwischen Schelf und Ozean.

E.

Kurznachrichten

VEB Erdöl und Erdgas in Gommern wird im Sinne der Standardisierung und Typisierung die Zahl der von ihm verwandten Typen bei Bohranlagen von 13 auf 4 und die der Spülpumpentypen von 60 auf 12 reduzieren.

Die **polnische Erdgasproduktion**, die 1959 fast 400 Mill. m³ erreichte, soll 1960 auf 600 Mio m³ erweitert werden.

Die **westdeutsche** Sonde Löningen 2 ist im **Kimmeridge** zwischen 1148 und 1160 m Teufe mit 15–20 m³ Rohöl täglich vom spez. Gew. 0,853 fündig.

Von den 7 Mrd. m³ bisher erkundeten **Erdgas**vorräten der VR Ungarn lagern 3 Mrd. m³ unter der ungarischen Tiefebene und 4 Mrd. m³ im Bereich des Donautales. Die Produktion soll bis 1965 verdreifacht werden.

Die **italienische Erdgas**gewinnung konnte 1959 auf ca. 5,7 Mrd. m³ erhöht werden.

Aus der **Erdgaslagerstätte Lacq** wurden 1959 gewonnen: 1352 Mio m³ Methangas, 426000 t Schwefel, 65700 t Benzin, 18300 t Propan und 22000 t Butan. Über 200000 t Schwefel wurden exportiert.

Mit dem Bau der 67-cm-**Methan-Fernleitung** von Hassi R'Mel nach Tiaret (ca. 330 km) ist begonnen worden. Die Leitung wird nach Vollendung dieses Bauabschnittes bis zum algerischen Hafen LaMacta (auf 550 km) verlängert.

In der **australischen** Provinz Viktoria wurde eine Aufschlußbohrung bei Port Campbell gasfündig. Aus 1725 m Teufe erbrachte sie bei Testversuchen täglich 1 Mill. m³.

Die **chilenische Kupfer**produktion erreichte 1959 535000 t, von denen 493000 t von USA-Gesellschaften gewonnen wurden.

Nach dem Januar-Bulletin des Internationalen Zinnrates **exportierte die Sowjetunion** 1959 fast 13500 t **Zinn** in die kapitalistischen Länder.

Nach dem 7-Jahr-Plan der **DDR** wird eine neue **Aluminiumhütte** bei Lauta gebaut, die im Jahre 1964 20000 jato Aluminium aus ungarischem Bauxit herstellen wird.

Die 40 km nordostwärts von Lomé (**Togo**) gelegenen und auf 60 Mill. t berechneten **Phosphat**lagerstätten werden ab Ende 1960 abgebaut. Die Monatsförderung soll 1961 80000 t erreichen.

Im **Nordural** wurden am Oberlauf der Wischera reiche **Diamanten**felder entdeckt. Nach Erschließung dieser Vorkommen wird sich die Diamantengewinnung im Uralgebiet auf das 10fache steigern.

Die **Gold**produktion der **Südafrikan**ischen Union erreichte 1959 etwa 20 Mill. Unzen gegenüber etwas mehr als 17,6 Mill. Unzen 1958. Im gleichen Zeitraum stieg der Wert der Förderung von 220 Mill. auf 250 Mill. £.

In Kürze beginnen an der Mündung des Flusses Ilina in die Angara (200 km nördlich Bratsk) die Bauarbeiten an dem 3. großen **sibirischen Kraftwerk**, das den billigsten Strom der UdSSR liefern wird und für eine Leistung von 4,5 Millionen kW projektiert ist.

Dem **chinesischen Geologen** LI SSUKWANG wurde wegen seiner Verdienste auf dem Gebiet der Geologie vom Präsidium der Akademie der Wissenschaften der UdSSR die Goldene KARPINSKI-Medaille verliehen.

In Frescati bei Stockholm wurde ein Institut zur Registrierung von Tritiumvorkommen gegründet, das sich gegenwärtig mit der **Untersuchung** der **Wasserströmung** in der **Ostsee** befaßt. Das erst 1950 entdeckte radioaktive Wasserstoffisotop Tritium kam ursprünglich nur in geringen Mengen vor. Infolge der Wasserstoffbomben-Experimente kommt es jetzt viel häufiger vor, tritt in allen Gewässern auf und kann zur Erforschung von Zirkulationsprozessen verwendet werden.

Herausgeber: Staatliche Geologische Kommission und Zentrale Vorratskommission für mineralische Rohstoffe der Deutschen Demokratischen Republik. Chefredakteur: Prof. Dr. Erich Lange, Berlin. Redaktion: Berlin N 4, Invalidenstraße 44. Verlag: Akademie-Verlag GmbH, Berlin W 1, Leipziger Straße 3–4 (Fernsprecher 220441, Postscheckkonto: Berlin 35021). Bestellnummer des Heftes 1047/6/7. Die „Zeitschrift für angewandte Geologie“ erscheint monatlich. Bezugspreis 2,– DM je Heft. — Satz und Druck: Druckhaus „Maxim Gorki“, Altenburg. Veröffentlicht unter der Lizenznummer ZLN 5008 des Ministeriums für Kultur, Hauptverwaltung Verlagswesen. Karten: MdI der DDR Nr. 5722/K 11.
Printed in Germany

MIX
Papier | Fördert gute Waldnutzung
FSC® C083411

Zeitfracht Medien GmbH
Ferdinand-Jühlke-Straße 7
99095 Erfurt, Deutschland
produktsicherheit@kolibri360.de